高等学校"十三五"规划教材

Visual Basic.NET 程序设计技术实践教程

孙占锋　包空军　张安琳　王鹏远　等编著

中国铁道出版社有限公司
CHINA RAILWAY PUBLISHING HOUSE CO., LTD.

内 容 简 介

本书是《Visual Basic.NET 程序设计技术》配套的实践教程。本书内容与配套教材相对应，通过必要的实例及操作步骤，加深对教材内容的理解，强化程序设计方法和编程技能，培养读者利用计算机的编程思想和方法解决实际问题的能力。全书内容包括：Visual Basic.NET 编程基础、顺序结构程序设计、选择结构程序设计、循环结构程序设计、程序调试与异常处理、数组、常用查找与排序算法、过程与函数、文件、Windows 高级界面设计、ADO.NET 数据库编程以及 ASP.NET 动态网页开发基础。

本书以 Visual Basic.NET 2013 为开发工具，选择丰富实例进行讲解，主要目的是让读者熟悉编程的基本思想，掌握在 Visual Studio 2013 平台上编程的基本技能，突出基于 ADO.NET 的数据库编程综合应用能力培养。

本书适合作为高等学校理工科非计算机专业"程序设计技术"课程实验教材，也可作为计算机培训教材和编程爱好者的自学用书。

图书在版编目（CIP）数据

Visual Basic.NET 程序设计技术实践教程/孙占锋等编著．—北京：中国铁道出版社，2019.1（2020.1 重印）

高等学校"十三五"规划教材

ISBN 978-7-113-25463-6

Ⅰ．①V… Ⅱ．①孙… Ⅲ．①BASIC 语言－程序设计－高等学校－教材 Ⅳ．①TP312.8

中国版本图书馆 CIP 数据核字（2019）第 010480 号

书　　名：	Visual Basic.NET 程序设计技术实践教程
作　　者：	孙占锋　包空军　张安琳　王鹏远　等编著
策　　划：	翟玉峰　　　　　　　　读者热线：（010）63550836
责任编辑：	翟玉峰　贾淑媛
封面制作：	刘　颖
责任校对：	张玉华
责任印制：	郭向伟
出版发行：	中国铁道出版社有限公司（100054，北京市西城区右安门西街 8 号）
网　　址：	http://www.tdpress.com/51eds/
印　　刷：	北京铭成印刷有限公司
版　　次：	2019 年 1 月第 1 版　2020 年 1 月第 2 次印刷
开　　本：	787 mm×1 092 mm　1/16　印张：10.25　字数：253 千
书　　号：	ISBN 978-7-113-25463-6
定　　价：	24.00 元

版权所有　侵权必究

凡购买铁道版图书，如有印制质量问题，请与本社教材图书营销部联系调换。电话：（010）63550836

打击盗版举报电话：（010）51873659

前言

为适应 21 世纪经济建设对人才知识结构、计算机文化素质与应用技能的要求，适应高等学校学生知识结构的变化，我们总结了多年来的教学实践和组织计算机等级考试的经验；同时，根据教育部非计算机专业计算机基础课程教学指导委员会提出的《关于进一步加强高校计算机基础教学的意见》中有关"程序设计技术"课程教学的要求组织编写了本教材。本教材配合《Visual Basic.NET 程序设计技术》（孙占锋等编著），在章节上与主教材相互对应，通过增加丰富的实例及其操作步骤加深读者对教材内容的理解，使读者能够掌握教材中的相关知识，熟练、灵活运用程序设计的基本思想、原理和方法解决实际问题。

本书以 Visual Studio.NET 2013 为平台，以 Visual Basic.NET 组件为开发工具，以《Visual Basic.NET 程序设计技术》教材为基础，通过丰富的实例和操作步骤的讲解，让读者更加深入地了解程序设计的思想和方法；通过难易适中的操作题，强化读者的实际编程能力。

本书在编写过程中特别注重学生计算思维的培养和实践能力，为进一步学习和应用计算机技术打下基础。本书内容可分为两大部分：基础部分和提高部分。通过对基础部分的学习，使读者能够掌握程序设计的基本方法和技能，编写简单的应用程序；为了满足更高层次的要求，在提高部分对比较先进的技术进行了介绍，突出基于 ADO.NET 的数据库编程综合应用能力培养。基础部分包括 1~9 章：在第 1~4 章中讲述了 Visual Basic.NET 的编程基础知识和程序的基本流程控制；第 5 章讲述了调试程序常用方法和技巧；在第 6 章中，通过对数组和结构体的阐述，强化了前面学过的知识；第 7、8 章，讲述了常用查找与排序算法和过程，使读者了解程序设计的模块化思想，掌握用计算机解决实际工程问题的基本方法；第 9 章，介绍文件的使用，使读者掌握通过文件存储大量的输入和输出数据，并且这些数据可以脱离程序长期保存。提高部分包括 10～12 章，主要讲述了 Windows 高级界面设计、数据库的相关操作以及利用该平台进行网页设计。

  本书编写力求结构严谨、层次分明、叙述准确，使读者通过实践操作很容易加深对主教材内容的理解，是对主教材必要的补充。

  本书由郑州轻工业大学的孙占锋、包空军、张安琳、王鹏远和韩怿冰编著，其中孙占锋、包空军、张安琳任主编，王鹏远和韩怿冰任副主编。包空军编写了第 1 章和第 12 章，韩怿冰编写了第 2 章和第 8 章，张安琳编写了第 3 章、第 4 章和第 7 章，王鹏远编写了第 5 章、第 6 章和第 9 章，孙占锋编写了第 10 章和第 11 章，孙占锋负责本书的统稿和组织工作。在本书的编写和出版过程中，得到了郑州轻工业大学、河南省高校计算机教育研究会、中国铁道出版社的大力支持，在此由衷地向他们表示感谢！

  由于编者水平有限，书中的选材和叙述难免会有不足和疏漏之处，谨请各位读者批评指正。

编 者
2019 年 01 月

目 录

基 础 部 分

第 1 章 Visual Basic.NET 编程基础 ···· 1
  一、实验目的 ························· 1
  二、实验时间 ························· 1
  三、实验预备知识 ····················· 1
  四、实验内容和要求 ··················· 4
  五、实验作业 ························ 11

第 2 章 顺序结构程序设计 ············· 13
  一、实验目的 ························ 13
  二、实验时间 ························ 13
  三、实验预备知识 ···················· 13
  四、实验内容和要求 ·················· 15
  五、实验作业 ························ 21

第 3 章 选择结构程序设计 ············· 22
  一、实验目的 ························ 22
  二、实验时间 ························ 22
  三、实验预备知识 ···················· 22
  四、实验内容和要求 ·················· 24
  五、实验作业 ························ 33

第 4 章 循环结构程序设计 ············· 35
  一、实验目的 ························ 35
  二、实验时间 ························ 35
  三、实验预备知识 ···················· 35
  四、实验内容和要求 ·················· 36
  五、实验作业 ························ 48

第 5 章 程序调试与异常处理 ·········· 50
  一、实验目的 ························ 50
  二、实验时间 ························ 50
  三、实验预备知识 ···················· 50
  四、实验内容和要求 ·················· 52
  五、实验作业 ························ 55

第 6 章 数组 ························· 56
  一、实验目的 ························ 56
  二、实验时间 ························ 56
  三、实验预备知识 ···················· 56
  四、实验内容和要求 ·················· 61
  五、实验作业 ························ 76

第 7 章 常用查找与排序算法 ·········· 80
  一、实验目的 ························ 80
  二、实验时间 ························ 80
  三、实验预备知识 ···················· 80
  四、实验内容和要求 ·················· 82
  五、实验作业 ························ 90

第 8 章 过程与函数 ··················· 91
  一、实验目的 ························ 91
  二、实验时间 ························ 91
  三、实验预备知识 ···················· 91
  四、实验内容和要求 ·················· 93
  五、实验作业 ······················· 101

第 9 章 文件 ························ 104
  一、实验目的 ······················· 104
  二、实验时间 ······················· 104
  三、实验预备知识 ··················· 104
  四、实验内容和要求 ················· 106
  五、实验作业 ······················· 120

提 高 部 分

第 10 章　Windows 高级界面设计 ····· 125

　　一、实验目的 ························ 125
　　二、实验时间 ························ 125
　　三、实验预备知识 ················ 125
　　四、实验内容和要求 ············ 126
　　五、实验作业 ························ 128

第 11 章　ADO.NET 数据库编程 ····· 129

　　一、实验目的 ························ 129
　　二、实验时间 ························ 129
　　三、实验准备知识 ················ 129
　　四、实验内容和要求 ············ 135
　　五、实验作业 ························ 145

第 12 章　ASP.NET 动态网页开发基础 ································ 146

　　一、实验目的 ························ 146
　　二、实验时间 ························ 146
　　三、实验预备知识 ················ 146
　　四、实验内容和要求 ············ 147
　　五、实验作业 ························ 157

参考文献 ································ 158

基 础 部 分

第 1 章　Visual Basic.NET 编程基础

一、实验目的

- 熟悉可视化编程环境，掌握 Windows 窗体应用程序设计的一般步骤，掌握面向对象事件驱动机制编程方法。
- 熟悉 Visual Basic.NET 的常用数据类型。
- 掌握变量、常量定义规则和各种运算符的功能及表达式的构成。
- 了解部分标准函数的功能和用法。

二、实验时间

2 学时。

三、实验预备知识

Visual Basic.NET（简称 VB.NET）为面向对象编程语言，采用事件驱动机制，窗口代码与事件过程代码相互分离，程序更易分析理解。具有程序框架代码自动生成、输入动态提示、实时代码错误监测、权威联机帮助文档支持等功能，具有其他工具不可比拟的优势。

1. 创建并运行 VB.NET 应用程序的一般步骤

（1）创建并生成项目文件。
（2）在窗体上添加控件并修改属性。
（3）编写控件的事件过程代码。
（4）调试运行程序。

2. 标识符命名规则

（1）标识符可以由字母、数字和下画线组成。

（2）标识符只能由字母或下画线开头。

（3）若以下画线开头，则必须至少包含一个字母或数字。

（4）VB.NET 中标识符不区分大小写，但标识符不能与 VB.NET 程序设计语言中的关键字相同。

在 VB.NET 中标识符用来命名变量、常量、过程、函数以及各种控件。这些对象只有在编程环境中被命名，才能够作为编程元素使用。

3. VB.NET 数据类型及选用的一般原则

数值类型决定了需要系统提供的内存空间和运算的精度和速度，所以，尽可能地选用与存储内容相匹配的数据类型。对数据类型的说明如表 1-1 所示。

表 1-1 数据类型的说明

数据类型	关键字	存储空间/B	一般选用原则
字节型	Byte	1	有限整数
短整型	Short	2	较小整数
整型	Integer	4	一般整数
长整形	Long	8	较大整数
单精度实型	Single	4	一般实数
双精度实型	Double	8	较大实数
定点数型	Decimal	16	精度要求高时选用
字符型	Char	2	单个字符
字符串型	String	取决于现实平台	任意个字符
逻辑型	Boolean	2	返回逻辑值时
日期型	Date	8	时间日期
对象型	Object	4	任意数据类型

4. 常量、变量的定义规则

常量即是在程序运行过程中不变化的数据，在 VB.NET 中使用语句声明常量，语法格式如下：

```
Const 常量名 [As 数据类型]=表达式
```

例如：`Const pi As double=3.1416`

变量是一个可以存储值的字母或名称。在编写计算机程序时，可以用这个名字存储数据。如前所述,之所以要使用"变量",是因为所存储的数据在编程的过程中会因各种情况而产生变化。使用变量有 3 个步骤:先声明变量;再给变量赋值;然后使用变量。

声明变量的语法格式如下:

```
Dim 变量名 [As 数据类型][=初始值]
Dim a,b,c As integer          '声明了3个整型变量;
Dim Str1,Str2 As string       '声明了2个字符串型变量;
```

5. 运算符的功能及优先级

对各种运算符的说明如表 1-2 ~ 表 1-4 所示。

表 1-2 算术运算符

运算符	说明	优先级
^	指数运算符	1
-	取负运算符	2
*	乘法运算符	3
/	浮点除运算符	3
\	整除运算符	4
mod	余除运算符(取模)	5
-	减法运算符	6
+	加法运算符	6

表 1-3 关系运算符

运算符	说明
>	大于
>=	大于等于
<	小于
<=	小于等于
=	等于
<>	不等于
Is	比较两个变量引用的对象是否一致
Like	匹配时结果为 True,不匹配则结果为 False

表 1-4 逻辑运算符

运算符	说明	取值
Not	逻辑非	取反
And	逻辑与	全真才为真
Or	逻辑或	有真即为真

不同类型的运算符有如下的先后顺序：

圆括号→算术运算符→连接运算符→关系运算符→逻辑运算符。

6．表达式的规则

（1）乘号不能省略。例如 2X 应该写成 2*X。

（2）表达式中的括号都是圆括号()，无方括号和大括号，且圆括号必须成对出现。

（3）在 VB.NET 表达式中，使用"/"来代替分数的分号。

（4）对于类似取值范围的书写，不能写成 2<=X<=5。正确的书写方式是：X>=2 And X<=5。

7．常用转换函数（见表 1-5）

表 1-5　常用转换函数

转　换　符	说　　明
CStr()	转换为字符串
Str()	转换为字符串时预留前导空格
format()	转换为格式化字符串
val()	转换为数值类型
&	字符串连接符

四、实验内容和要求

【实例 1-1】实现华氏/摄氏温度转换器。（提示：转换关系为 C=（F - 32）/ 1.8。）

（1）窗体设计：在窗体上画 2 个标签、2 个文本框和 2 个命令按钮。通过属性窗口分别修改其属性值，界面设计如图 1-1 所示。

图 1-1　窗体界面

（2）编写代码：分别编写"转换"和"清空"两个按钮的事件过程代码：

```
Private Sub Button1_Click(sender As Object, e As EventArgs) Handles Button1.Click
    Dim f, c As Integer
    f=int(Val(TextBox1.Text))
    c=(f-32)/1.8
    TextBox2.Text=CStr(c)
End Sub
Private Sub Button2_Click(sender As Object, e As EventArgs) Handles Button2.Click
    TextBox1.Text=""
    TextBox2.Text=""
End Sub
```

（3）运行程序：按【F5】键（或选择"调试"菜单中的"启动"命令）运行程序，在第一个文本框中输入华氏温度数，然后单击"转换"按钮，则在第二个文本框中显示转换后的摄氏温度数，效果如图1-2所示。

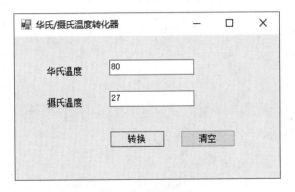

图1-2　运行效果

说明：

（1）在文本框中输入的数据一律看作字符串。如果需要这样的数据参加算术运算，则必须用Val()函数把它转换为相应的数值。

（2）int(x)为取整函数，返回不大于x的整数。

（3）Cstr(y)为转换函数，通常用于把数据类型y值转换为字符串类型。

【实例1-2】实现两数的四则运算。

（1）窗体设计。在窗体上画3个标签、3个文本框和4个命令按钮。通过属性窗口分别修改其Text属性值，界面设计如图1-3所示。

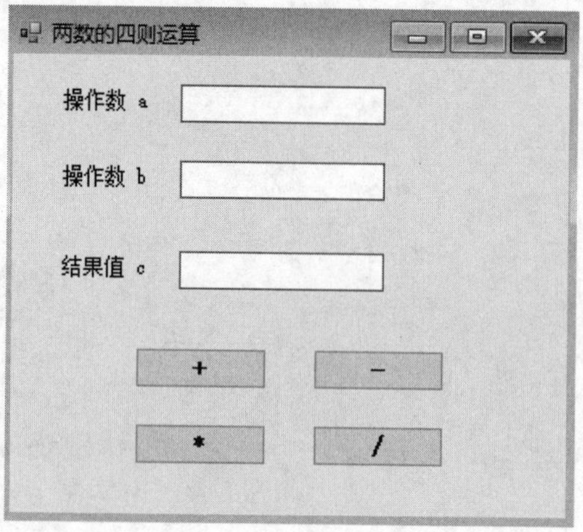

图 1-3 窗体界面

（2）编写代码。分别编写"+""-""*""/"4个按钮的事件过程代码：

```
    Private Sub Button1_Click(sender As Object, e As EventArgs) Handles Button1.Click
        Dim a, b, c As Integer
        a=Val(TextBox1.Text)
        b=Val(TextBox2.Text)
        c=a+b
        TextBox3.Text=CStr(c)
    End Sub
    Private Sub Button2_Click(sender As Object, e As EventArgs) Handles Button2.Click
        Dim a, b, c As Integer
        a=Val(TextBox1.Text)
        b=Val(TextBox2.Text)
        c=a-b
        TextBox3.Text=CStr(c)
    End Sub
    Private Sub Button3_Click(sender As Object, e As EventArgs) Handles Button3.Click
        Dim a, b, c As Integer
        a=Val(TextBox1.Text)
        b=Val(TextBox2.Text)
        c=a*b
        TextBox3.Text=CStr(c)
```

```
        End Sub
        Private Sub Button4_Click(sender As Object, e As EventArgs) Handles Button4.Click
            Dim a, b, c As double      '除法运算一般把变量声明为实数
            a=Val(TextBox1.Text)
            b=Val(TextBox2.Text)
            c=a/b
            TextBox3.Text=CStr(c)
        End Sub
```

（3）运行程序。按【F5】键，在第一个文本框中输入操作数 a，在第二个文本框输入操作数 b，然后单击"/"除法按钮，运行效果如图 1-4 所示。

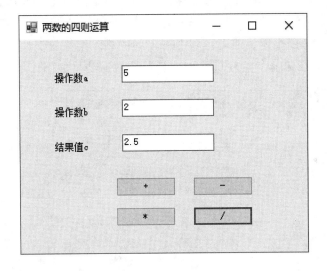

图 1-4　运行效果

【实例 1-3】验证 VB.NET 中 3 种除法运算符（/、\、mod）的区别。

（1）窗体设计。在窗体上画 5 个标签、5 个文本框和一个命令按钮。5 个标签的标题（Text 属性）分别为："被除数 a"、"除数 b"、"实数除/"、"整数除\"和"整数余 mod"，把 5 个文本框清为空白（使其 Text 属性为空）把命令按钮的标题（Text 属性）设置为"运算"，完成后的窗体界面如图 1-5 所示。

（2）编写代码。题目要求试验三种除法运算符（/、\、mod）的区别，也就是在第一个文本框中输入被除数，在第二个文本框中输入除数后，当单击命令按钮时，可得到三种不同的相除结果。根据要求，只需对"运算"按钮编写 Click 事件处理程序。双击"运算"按钮打开代码窗口，对该按钮编写如下代码：

```
Private Sub Button1_Click(sender As Object, e As EventArgs) Handles Button1.Click
    Dim a, b As Integer
    a=Val(TextBox1.Text)
    b=Val(TextBox2.Text)
    TextBox3.Text=CStr(a/b)
    TextBox4.Text=CStr(a\b)
    TextBox5.Text=CStr(a Mod b)
End Sub
```

（3）运行程序。在上述代码编写完成后，要先保存窗体和程序设计结果，可以单击工具栏上的"全部保存"按钮。文件保存后即可按【F5】键（或选择"调试"菜单中的"启动"命令）运行程序，在第一个文本框中输入被除数，在第二个文本框中输入除数，然后单击命令按钮，即可得到3种不同的相除结果。例如，在第一、第二个文本框中分别输入18和4，然后单击"运算"按钮，结果如图1-6所示。

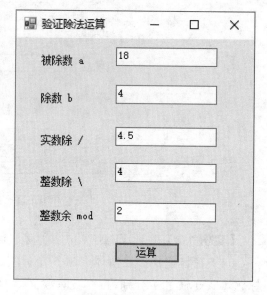

图1-5 窗体界面　　　　　　　　　　图1-6 运行效果

> **注意：**
> （1）在文本框中输入的数据一律看作字符串。也就是说，程序运行后，即使在文本框中输入数值数据，VB.NET仍把它看作字符串。如果需要这样的数据参加算术运算，则必须用Val()函数把它转换为相应的数值。
> （2）整除（\）、取模（mod）时的操作数a、b均为整数。

第 1 章　Visual Basic.NET 编程基础

【实例 1-4】 验证字符串连接运算。

（1）窗体设计。启动 VB.NET，在窗体上画 2 个标签、2 个文本框和一个命令按钮。窗体界面如图 1-7 所示。然后双击"运行"按钮，进入到代码编辑器。在该按钮的事件处理程序中，试验用于字符串连接的两个操作符："&"和"+"。

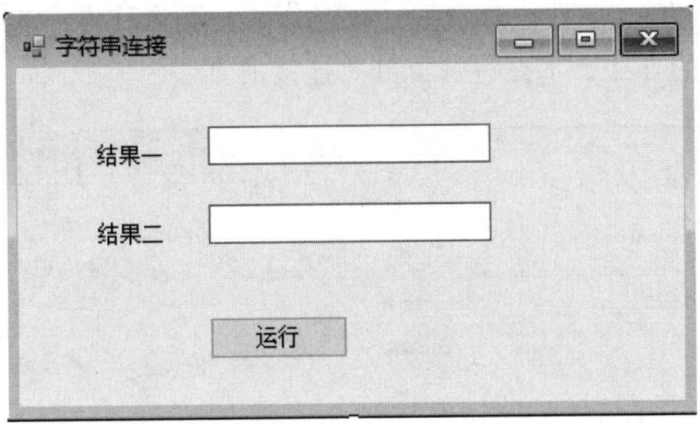

图 1-7　窗体界面

（2）编写代码。

```
Private Sub Button1_Click(ByVal sender As System.Object, ByVal e As System.EventArgs) Handles Button1.Click
    Dim a, b As String
    a="Good "
    b="Afternoon"
    TextBox1.Text=a&b
    TextBox2.Text=a+b
End Sub
```

（3）运行程序。运行结果如图 1-8 所示。

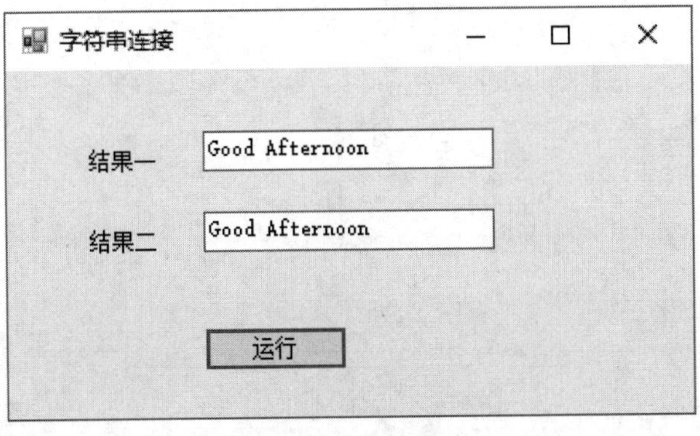

图 1-8　运行效果

【实例 1-5】 随机生成一个 3 位正整数，然后按逆序输出。

（1）窗体设计。在窗体上画 2 个标签、2 个文本框和 2 个命令按钮，界面设计如图 1-9 所示。通过属性窗口分别修改其 Text 属性值，2 个标签的标题（Text 属性）分别为："3 位数"和"逆序数"，把命令按钮的标题（Text 属性）设置为"生成"和"逆序"，窗体 Form1 的 Text 属性值修改为：数据分离。实验目的：掌握"mod"和"\"运算符将数据分离的方法，掌握将每位分离连接的方法。

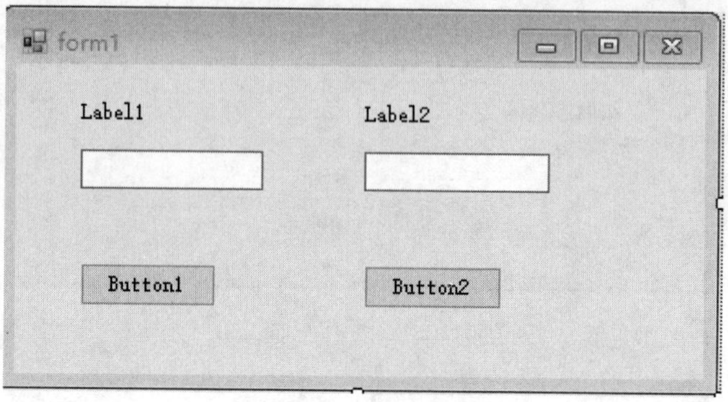

图 1-9　窗体界面

（2）编写代码。在界面上添加 2 个文本框、2 个按钮，"生成"按钮单击事件代码如下：

```
Private Sub Button1_Click(sender As Object, e As EventArgs) Handles Button1.Click
    TextBox1.Text=Int(Rnd()*(999-100+1)+100)
End Sub
```

"逆序"按钮单击事件代码如下：

```
Private Sub Button2_Click(sender As Object, e As EventArgs) Handles Button2.Click
    Dim n, gw, sw, bw, m As Integer
    n=Val(TextBox1.Text)
    gw=n Mod 10
    sw=n\10 Mod 10
    bw=n\100
    m=gw*100+sw*10+bw
    TextBox2.Text=CStr(m)
End Sub
```

（3）运行程序。启动调试运行，单击"生成"按钮，会看到在左侧文本框中自动生成了一个 3 位整数，单击"逆序"按钮，在右侧文本框中会出现逆序后的 3 位整数，运行结构如图 1-10 所示。

图 1-10　运行结果

五、实验作业

【作业 1-1】设计图 1-11 所示界面，编写程序实现简易算术计算器。

> 注意：整除（\）、取模（mod）时的操作数 a、b 均为整数；乘方（^）运算时操作数 b 应为整数。

【作业 1-2】设计如图 1-12 所示界面，编写程序实现求一个 4 位整数的各位数字之和。

图 1-11　算术计算器窗体界面　　　　图 1-12　各位数字之和窗体界面

> 提示：首先利用取模（mod）和整除（\）运算符分离出各位数字，然后再求和。

【作业 1-3】 已知圆锥体的地面半径 R 和高 H，求圆锥体的体积，程序运行界面如图 1-13 所示。Pi=3.14159，结果保留两位小数。圆锥体积公式：$V=（1/3）\times pi \times R \times R \times H$。

【作业 1-4】 已知三角形的三边长 A,B,C，求三角形的面积 S。
$S=\sqrt{L(L-A)(L-B)(L-C)}$，其中 $L=（1/2）\times（A+B+C）$。界面如图 1-14 所示。

> 提示：此题用到了开平方函数 sqrt()：s=math.sqrt(L*(L-A)*(L-B)*(L-C))

图 1-13 求圆锥的体积 　　　　　图 1-14 求三角形面积

第 2 章 顺序结构程序设计

一、实验目的

- 掌握顺序结构程序设计基本流程：输入数据→计算→结果输出。
- 掌握基本的数据输入、输出方法，尤其是 InputBox()函数和 MsgBox()函数。

二、实验时间

2 学时。

三、实验预备知识

顺序结构要求程序中的各个操作按照它们出现的先后顺序执行。这种结构的特点是：程序从入口点开始，按顺序执行所有操作，直到出口点处。

1. 编写程序的方法

（1）程序设计基本方法：IPO 方法。

I: Input 输入，程序的输入。

P: Process 处理，程序的主要逻辑。

O: Output 输出，程序的输出。

（2）程序设计步骤：

分析问题：主要分析问题的计算部分。

确定问题：将计算部分划分为确定的 IPO 三个部分。

设计算法：完成计算部分的核心处理方法。

编写程序：实现整个程序。

调试测试：使程序在各种情况下都能够正确运行。

升级维护：使程序长期正确运行，适应需求的微小变化。

2．赋值语句

赋值语句是顺序结构最基本的组成部分。用赋值语句可以把指定的值或表达式的值赋给某个变量或某对象的属性。

其一般格式有两种：

（1）变量名=表达式。

（2）<对象 x> . <属性 x> =属性值|表达式。

3．输入语句

输入是一个程序的开始，面对一个计算问题，需要明确程序的输入是什么。

（1）直接赋值输入。即在程序编写时，利用赋值语句直接给需要进行计算的变量赋予固定的数值。

（2）用户交互输入。

① 用文本框 TextBox 输入。文本框是 VB 中最常用的输入控件。用 TextBox 控件可以方便地在运行时让用户输入和编辑数据。

② InputBox()函数。InputBox()函数可以在程序中要输入数据的地方弹出一个对话框，非常明确地提示要求用户输入数据。使用 InputBox()函数，只要一行代码就可以实现这个功能，节省了程序开发所需要的时间。

```
InputBox(Prompt[, Title][, DefaultResponse][, XPos][, YPos])
```

4．数据的输出

（1）TextBox 控件。TextBox 控件也可以输出数据。

（2）Label 控件。Label 控件用来显示文本，文本是只读的，用户不能直接修改，所以常将 Label 控件作为数据输出或者信息显示。

（3）MsgBox()函数。使用 MsgBox()函数输出运行结果。MsgBox()函数的作用是打开一个消息框，输出结果信息，并可等待用户选择一个按钮，可返回所选按钮的整数值，来决定下一步程序的流程；若不使用返回值，则可作为一个独立的语句。

语法如下：

```
MsgBox( Prompt, [Buttons], [Title])
```

5．常用函数

（1）常用数学函数。在 Visual Basic.NET 程序中常用的数学函数如表 2-1 所示，它们不仅名称与数学中的函数相似，功能也与数学中的函数功能相似。

表 2-1 常用的数学函数

函数名称	用法	功能说明
Sin	Sin(x)	返回 x 的正弦值
Cos	Cos(x)	返回 x 的余弦值
Tan	Tan(x)	返回 x 的正切值
Asin	Asin(x)	返回 x 的反正弦的值(弧度)
Sinh	Sinh(x)	返回 x 的双曲正弦值
Max	Max(x,y)	返回 x 和 y 中的最大值
Min	Min(x,y)	返回 x 和 y 中的最小值
Abs	Abs(x)	返回 x 的绝对值
Sqrt	Sqrt(x)	返回 x 的平方根
Exp	Exp(x)	返回自然数 e 的 x 次方
Log	Log(x)	返回 x 的自然对数
Log10	Log10(x)	返回 x 的常用对数
Sign	Sign(x)	返回 x 的符号,x>0 时为 1,x<0 时为-1,x=0 时为 0
Round	Round(x)	将双精度浮点数 x 舍入为最接近的整数
Ceiling	Ceiling(x)	返回大于或等于 x 的最小整数
Floor	Floor(x)	返回小于或等于 x 的最大整数
Truncate	Truncate(x)	返回 x 的整数部分

(2)常用字符串函数。除了数值运算外,字符串运算也是编程者经常遇到的,如表 2-2 所示。

表 2-2 常用的字符串函数

函数名称	用法	功能说明
Lcase	Lcase(str1$)	将字符串 str1 全部转换为小写
Ucase	Ucase(str1$)	将字符串 str1 全部转换为大写
Len	Len(str1$)	返回字符串 str1 的长度
Mid	Mid(str1$,n1,n2)	返回字符串 str1 中从 n1 指定的位置开始的 n2 个字符
Left	Left(str1$,n)	返回字符串 str1 左边的 n 个字符
Right	Right(str1$,n)	返回字符串 str1 右边的 n 个字符

四、实验内容和要求

【实例 2-1】创建"随机数平均值"应用程序,程序运行界面如图 2-1 所示。单击"生成随机数"按钮,随机生成 3 个正整数,分别是 2 位数、3 位数、4 位数,单击"求平均值"按钮,计算它们的平均值。结果保留两位小数。

> 提示：
> （1）产生范围在[a，b]之间的随机整数，可以使用如下公式：int(rnd()*(b-a+1)+a)。
> （2）保留两位小数，可以使用Format()函数：Format（x，"0.00"）。

单击"生成随机数"按钮，再单击"求平均值"按钮，结果如图2-2所示。

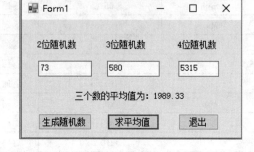

图2-1　实例2-1运行界面　　　　　　图2-2　实例2-1运行结果

参考程序如下：

```vb
    Private Sub Button1_Click(sender As Object, e As EventArgs) Handles Button1.Click
        '生成随机数
        TextBox1.Text=Int(Rnd()*(99-10+1)+10)           '生成2位随机数
        TextBox2.Text=Int(Rnd()*(999-100+1)+100)        '生成3位随机数
        TextBox3.Text=Int(Rnd()*(9999-1000+1)+100)      '生成4位随机数
    End Sub
    Private Sub Button2_Click(sender As Object, e As EventArgs) Handles Button2.Click
        '求三个数的平均值
        Dim x As Double
        x=(Val(TextBox1.Text)+Val(TextBox2.Text)+Val(TextBox3.Text))/3
        Label4.Text="三个数的平均值为："
        Label4.Text&=Format(x, "0.00")
    End Sub
    Private Sub Button3_Click(sender As Object, e As EventArgs) Handles Button3.Click
        '退出
        Close()
    End Sub
```

第 2 章 顺序结构程序设计

【实例 2-2】编写一个程序，模拟一台提款机，当输入要提取的整数金额后，程序能够算出需要各种面值的纸币各多少张。程序界面如图 2-3 所示。

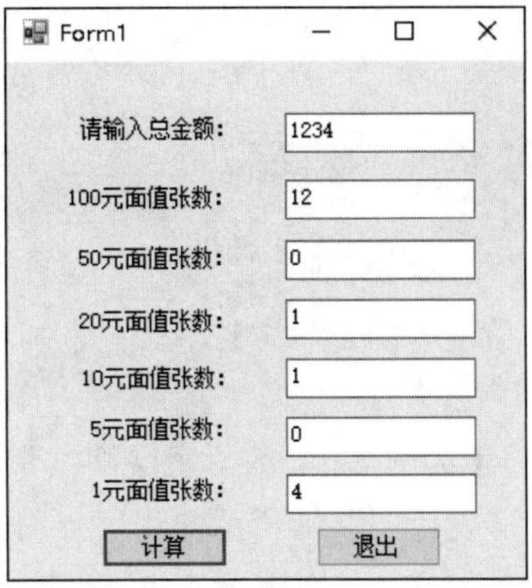

> 提示：程序应该先算出需要 100 元面值的纸币多少张，可以采用"\"整除运算求取，接下来求需要 50 元面值的纸币多少张，依据先大面值再小面值的顺序计算。

图 2-3 实例 2-2 程序界面

参考程序如下：

```vbnet
Private Sub Button1_Click(sender As Object, e As EventArgs) Handles Button1.Click
    Dim sum As Integer          '总金额
    Dim m100 As Integer         '面值为100元的张数
    Dim m50 As Integer          '面值为50元的张数
    Dim m20 As Integer          '面值为20元的张数
    Dim m10 As Integer          '面值为10元的张数
    Dim m5 As Integer           '面值为5元的张数
    Dim m1 As Integer           '面值为1元的张数
    Dim remain As Integer       '中间变量,当前剩余需要换算的钱数
    sum=TextBox1.Text
    m100=sum\100
    remain=sum Mod 100
    m50=remain\50
    remain=remain Mod 50
    m20=remain\20
    remain=remain Mod 20
    m10=remain\10
    remain=remain Mod 10
    m5=remain\5
    remain=remain Mod 5
    m1=remain
    TextBox2.Text=m100
    TextBox3.Text=m50
    TextBox4.Text=m20
    TextBox5.Text=m10
```

```
        TextBox6.Text=m5
        TextBox7.Text=m1
    End Sub
    Private Sub Button2_Click(sender As Object, e As EventArgs) Handles Button2.Click
        '退出
        Close()
    End Sub
```

【实例 2-3】 编写程序测试常用字符串函数的用法。

设计图 2-4 所示的程序界面，设计文本框 1，输入原始字符串，设计文本框 2 和文本框 3，分别输入某些函数运算中需要的数值 n1 和 n2；设计多个按钮，分别实现 Asc()、Chr()、Len()、Lcase()、Ucase()、Mid()、Left()、Right()函数的运算；设计文本框 4，输出运算结果。

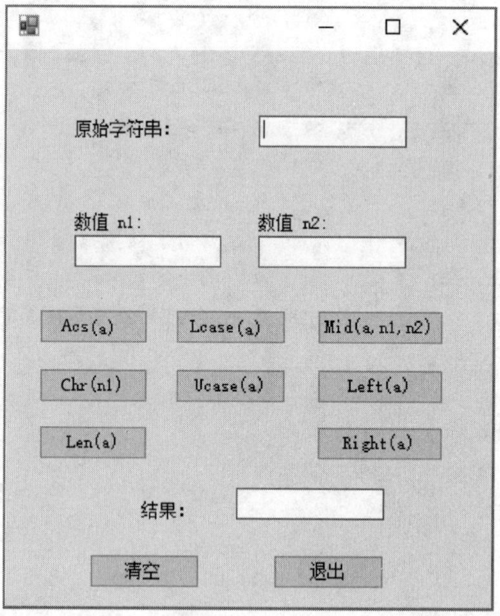

图 2-4　实例 2-3 程序界面

参考程序代码如下：

```
    Private Sub Button1_Click(sender As Object, e As EventArgs) Handles Button1.Click
        'Asc(a)按钮,求字母的ascii值
        Dim a As String
        Dim c As Integer
```

```vb
        a=TextBox1.Text
        c=Asc(a)
        TextBox4.Text=c
    End Sub

    Private Sub Button2_Click(sender As Object, e As EventArgs) Handles Button2.Click
        'Lcase(a)按钮,将原始字符串转换为小写字符
        Dim a As String
        Dim c As String
        a=TextBox1.Text
        c=LCase(a)
        TextBox4.Text=c
    End Sub

    Private Sub Button3_Click(sender As Object, e As EventArgs) Handles Button3.Click
        'Mid(a,n1,n2),求子字符串
        Dim a, c As String
        Dim n1, n2 As Integer
        a=TextBox1.Text
        n1=TextBox2.Text
        n2=TextBox3.Text
        c=Mid(a,n1,n2)
        TextBox4.Text=c
    End Sub

    Private Sub Button4_Click(sender As Object, e As EventArgs) Handles Button4.Click
        'Chr(n1),求n1对应的字母
        Dim c As String
        Dim n1 As Integer
        n1=TextBox2.Text
        c=Chr(n1)
        TextBox4.Text=c
    End Sub

    Private Sub Button5_Click(sender As Object, e As EventArgs) Handles Button5.Click
        'Ucase(a)按钮,将原始字符串转换为大写字符
```

```
        Dim a As String
        Dim c As String
        a=TextBox1.Text
        c=UCase(a)
        TextBox4.Text=c
    End Sub

    Private Sub Button6_Click(sender As Object, e As EventArgs) Handles Button6.Click
        'left(a,n1)按钮，取字符串a左边的n1个字符
        Dim a, c As String
        Dim n1 As Integer
        a=TextBox1.Text
        n1=TextBox2.Text
        c=Microsoft.VisualBasic.Left(a,n1)
        TextBox4.Text=c
    End Sub

    Private Sub Button7_Click(sender As Object, e As EventArgs) Handles Button7.Click
        'Len(a)按钮，求字符串长度
        Dim a As String
        Dim c As Integer
        a=TextBox1.Text
        c=Len(a)
        TextBox4.Text=c
    End Sub

    Private Sub Button8_Click(sender As Object, e As EventArgs) Handles Button8.Click
        'Right(a,n1)按钮，取字符串a右边的n1个字符
        Dim a, c As String
        Dim n1 As Integer
        a=TextBox1.Text
        n1=TextBox2.Text
        c=Microsoft.VisualBasic.Right(a, n1)
        TextBox4.Text=c
    End Sub
```

```
Private Sub Button9_Click(sender As Object, e As EventArgs) Handles Button9.Click
    TextBox1.Text=""
    TextBox2.Text=""
    TextBox3.Text=""
    TextBox4.Text=""
End Sub

Private Sub Button10_Click(sender As Object, e As EventArgs) Handles Button10.Click
    Close()
End Sub
```

五、实验作业

【作业 2-1】从键盘上输入 5 个数，编写程序，计算并输出这 5 个数的和及其平均值。要求通过 InputBox() 函数输入数据，并显示这 5 个数的和及其平均值。

【作业 2-2】计算梯形的面积，界面自行设计。梯形面积=（上底+下底）×高度/2。

【作业 2-3】以我国 1992 年工业产值 100 为基础，如果以 9% 的年增长率增长，计算 2018 年的工业产值。

提示：使用公式：2018 年工业产值=100×（1+0.09）$^{2018-1992}$。

【作业 2-4】编写一个程序，计算风寒指数，界面自行设计。风寒指数表示在室外身体感觉到的温度，它可以用公式计算出来：

风寒指数（℃）=13.12+0.625T+（0.3965T−11.37）$V^{0.16}$

其中，T 为空气温度（℃），V 为风速（km/s）。

第 3 章　选择结构程序设计

一、实验目的

- 熟悉选择结构相关语句，掌握选择结构的编程思想。
- 熟练掌握单分支结构、双分支结构和多分支结构的使用。
- 掌握本章中的控件（图片框、滚动条、计时器）的各种属性及应用。

二、实验时间

2 学时。

三、实验预备知识

Visual Basic.NET 中的选择结构是通过对条件的判断而选择执行不同的分支，其功能是当满足条件时，就执行某一语句块，反之则执行另一语句块。条件语句有 If 和 Select Case 两种形式。

1. If 语句

If 语句是实现选择结构的常用语句，又可分为单分支结构、双分支结构和多分支结构。

（1）If...Then 语句也称单分支结构，有以下两种语句形式。

语句形式 1：

```
If 条件 Then  语句块
```

语句形式 2：

```
If 条件 Then
    语句块
End If
```

（2）If...Then...Else...语句也称双分支结构，其语法形式如下：

```
If <条件> Then
```

```
    语句块 A
Else
    语句块 B
End If
```

（3）多分支结构（或者是 If 语句的嵌套）的语法形式如下：

```
If   <条件 1> Then
    语句块 1
ElseIf  <条件 2> Then
    语句块 2
        …
[Else
    语句块 n+1]
End If
```

2. Select Case 语句

Select Case 语句是多分支结构的另一种表示形式。该语句的语法形式如下：

```
Select Case   <变量或表达式>
    Case  <表达式列表 1>
        语句块 1
    Case  <表达式列表 2>
        语句块 2
            …
    [Case Else
        语句块 n+1]
End Select
```

3. 常用控件

（1）PictureBox 控件。PictureBox 控件称为图片框，用来容纳和显示多种格式的图形图像。设计时用 Image 属性加载图片，同时该控件还提供了一个 SizeMode 属性来调整控件或者图片的大小及位置。该 SizeMode 属性有 4 个属性值：AutoSize、CenterImage、Normal、StretchImage。

（2）在 Visual Basic.NET 中，为在有限的窗口内查看更多的信息，提供了两种类型的滚动条：垂直滚动条 VscrollBar 和水平滚动条 HscrollBar。其常用属性包括 LargeChange、SmallChange、MaxiMum、MiniMum、Value。

（3）时间日期控件是一类以时间和日期为其主要功能的控件。包括定时控件 Timer、月历控件 MonthCalendar 和日期时间选择器控件 DateTimePicker。

四、实验内容和要求

【实例 3-1】 简单 If 结构的实例。

（1）求函数 $y=\begin{cases} 1 & x>0 \\ 0 & x=0 \\ -1 & x<0 \end{cases}$ 的值。

这个例题在教材中已讲过，在此又列出来，目的是让读者能更灵活地掌握选择语句的使用方法。在这个例子中，主要是讨论对于同一个问题，可以用多种方法实现，如：用三个顺序的选择语句实现、用嵌套的选择结构实现（可以嵌套在 If 部分，也可嵌套在 Else 部分）等。

（2）具体操作步骤：

① 在窗体上画 2 个标签、2 个文本框、2 个命令按钮，如图 3-1 所示。

② 分别对窗体、标签、命令按钮进行 Text 属性的设置，如图 3-2 所示。

图 3-1　符号函数的设计界面　　　　图 3-2　符号函数的运行界面

其中的 Textbox1.text 对应 x 的值，Textbox2.text 对应 y 的值。

③ 在"计算"按钮（Button1）中进行编程。

（3）具体的实现方法。这个函数是符号函数，有很多方法进行判断和计算。常用的方法是（即在教材中例 3-5 的写法）用多分支结构实现：

```
Dim x, y As Integer
x=TextBox1.Text
If x>0 Then
    y=1
ElseIf x=0 Then
    y=0
Else
```

```
    y=-1
End If
TextBox2.Text=y
```

下面再用其他方法实现（只写判断部分，省略输入和输出）：
① 用三个顺序的 If 语句实现。

```
If x>0 Then y=1
If x=0 Then y=0
If x<0 Then y=-1
```

② 用嵌套在 if 部分的语句实现。

```
If x>=0 Then                    If x<=0 Then
    If x>0 Then                     If x<0 Then
        y=1                             y=-1
    Else                            Else
        y=0                             y=0
    End If                          End If
Else                            Else
    y=-1                            y=1
End If                          End If
```

左侧是先判断 x 是否大于等于 0；右侧是先判断 x 是否小于等于 0。
③ 用嵌套在 Else 部分的语句实现。

```
If x>0 Then                     If x<0 Then
    y=1                             y=-1
Else                            Else
    If x<0 Then                     If x>0 Then
        y=-1                            y=1
    Else                            Else
        y=0                             y=0
    End If                          End If
End If                          End If
```

④ 用假设法。可以先假设 x 的值大于 0，对应的 y 的值是 1。然后只需要再判断 x 是否小于等于 0 即可。

```
y=1
If x<=0 Then
```

```
        If x<0 Then
            y=-1
        Else
            y=0
        End If
    End If
```

类似地，也可以先假设 x 的值小于 0，对应的 y 的值是-1。然后只需要再判断 x 是否大于等于 0 即可。

【实例 3-2】嵌套 If 结构的实例（一）。

（1）本实例要求实现的功能：猜数字直到猜对为止。在判断 Textbox 控件中输入的数值大小时，需要先判断 Textbox 控件中输入的内容是否是数字，然后再判断其大小。如果使用两个 If 语句同时判断，则当 Textbox 控件内输入的不是数字时，将产生运行时错误，因此应当使用 If 嵌套语句进行判断。大了小了的猜想主要运用 If 语句的嵌套。

（2）界面设计如图 3-3 所示。

图 3-3　界面设计

（3）具体的实现方法。

```
Public Class Form1
    Public a As Integer
    Private Sub Button1_Click(sender As Object, e As EventArgs) Handles Button1.Click
        Randomize()
        a=CInt(500*Rnd())
    End Sub

    Private Sub Button2_Click(sender As Object, e As EventArgs) Handles Button2.Click
```

```
        Static b As Integer
        If  TextBox1.Text=""  Or  Not  IsNumeric(TextBox1.Text)  Then
MsgBox("输入错误,请重新输入")
        If TextBox1.Text<>"" And IsNumeric(TextBox1.Text) Then
            b=b+1
            If CInt(TextBox1.Text)>a Then
                MsgBox("大了",,"信息提示")
            ElseIf CInt(TextBox1.Text)<a Then
                MsgBox("小了",,"信息提示")
            Else
                MsgBox("猜对了,这个数是" & a & ".",,"信息提示")
                b=0
                Exit Sub
            End If
        End If
        Label3.Text="这是您猜的第" & b & "次。"
    End Sub
End Class
```

程序的运行效果如图 3-4 所示。

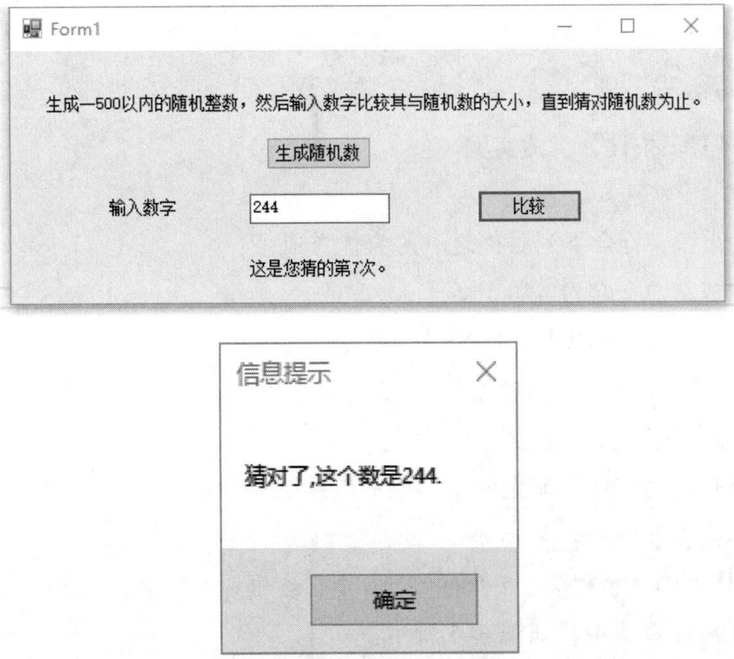

图 3-4　程序的运行效果

【实例 3-3】嵌套 If 结构的实例（二）。

（1）利用文本框输入一个数，判断这个数是否能被 3 和 7 同时整除，并给出相应的提示信息。要求对于输入的任意一个整数，都能给出最详细的报告，如：既能被 3 整除，也能被 7 整除；能被 3 整除，但不能被 7 整除；能被 7 整除，但不能被 3 整除；既不能被 3 整除，也不能被 7 整除。

（2）参考程序如下：

```
Dim x As Integer
    x=Val(TextBox1.Text)
    If x Mod 3=0 And x Mod 7=0 Then
        MsgBox(Str(x) & "能被3和7同时整除")
    Else
        If x Mod 3=0 Then
            MsgBox(Str(x) & "能被3整除,但不能被7整除")
        Else
            If x Mod 7=0 Then
                MsgBox(Str(x) & "能被7整除,但不能被3整除")
            Else
                MsgBox(Str(x) & "既不能被3整除,也不能被7整除")
            End If
        End If
End If
```

【实例 3-4】多条件分支的实例（一）。

（1）要求：

5 门考试课程，符合下列条件之一的为优秀成绩：

- 5 门课成绩总分超过 450 分。
- 每门课都在 88 分以上（含 88 分）。
- 每门主课（前 3 门）的成绩都在 95 分以上（含 95 分），每门非主课（其他两门）成绩在 80 分以上（含 80 分）。

按上述条件编写程序，确定一个学生的成绩是否为优秀。

（2）具体操作步骤：

① 在窗体上画一个框架、7 个标签、6 个文本框、2 个命令按钮，其中 5 个标签和 5 个文本框放在框架中，如图 3-5 所示。

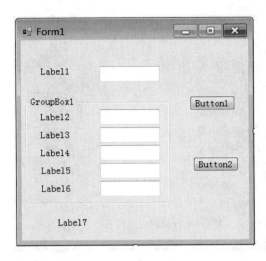

图 3-5　初始界面

② 窗体和控件的属性设置在 Form_Load 事件过程中实现，请自己写出具体代码，程序运行后的界面如图 3-6 所示。

图 3-6　确定考试成绩优秀实验（运行情况 1）

（3）5 门课的成绩在窗体的 5 个文本框中输入。

（4）在命令按钮 1 的事件过程中判断一个学生的成绩是否为优秀，并在标签框 7 中显示出来。

（5）程序运行后，在各个文本框中输入学生姓名和各门课程的考试分数，然后单击"计算并输出"按钮，将在标签框 7 中输出判断结果，如图 3-7 所示。

图 3-7 确定考试成绩优秀实验（运行情况 2）

（6）按上面的要求上机编写出程序，对程序进行调试、运行，直到得到正确的结果，然后设计测试数据对程序进行测试。注意，必须仔细考虑，使成绩为优秀的各种情况都能测试到，以避免设计中出现的疏忽。请在运行时用表 3-1 所示的几组测试数据进行测试，分析结果是否正确。

表 3-1 测试数据

成绩 1	成绩 2	成绩 3	成绩 4	成绩 5
89	88	93	97	90
90	88	89	90	91
96	95	95	80	82
95	96	90	90	90

对于这个实验，要注意以下两个问题：

（1）在文本框中输入的数据是作为字符串处理的，在参加运算前，应把它们转换为数值型数据。为了保证运算的正确性，最好显式定义变量的数据类型。

（2）优秀成绩的条件有三个，只要符合这三个条件中的一个就是优秀，在判断时需要写一个很长的复合条件表达式。为了提高程序的可读性，可以在程序中定义布尔型变量，用这些变量来表示条件。下面的程序可供参考：

```
Private Sub Button1_Click()(ByVal sender As System.Object, ByVal e As System.EventArgs) Handles Button1.Click
    Dim s, s1, s2, s3, s4, s5 As Single
```

```
        Dim cont, cont1, cont2, cont3 As Boolean
        s1=Val(TextBox2.Text)
        s2=Val(TextBox3.Text)
        s3=Val(TextBox4.Text)
        s4=Val(TextBox5.Text)
        s5=Val(TextBox6.Text)
        s=s1+s2+s3+s4+s5
        cont1=s>450
        cont2=(s1>=88 And s2>=88 And s3>=88 And s4>=88 And s5>=88)
        cont3=(s1>=95 And s2>=95 And s3>=95 And s4>=80 And s5>=80)
        cont=cont1 Or cont2 Or cont3
        If cont Then
            Label7.Text="学生"+TextBox1.Text+"的成绩为优秀！"
        Else
            Label7.Text="学生"+TextBox1.Text+"的成绩不是优秀！"
        End If
    End Sub

    Private Sub Button2_Click()(ByVal sender As System.Object, ByVal e As System.EventArgs) Handles Button2.Click
        Close()
    End Sub
```

在上面的程序中，定义了 4 个布尔型变量，用来对成绩是否优秀进行判定。其中 cont1 判断 5 门课的总分是否大于 450 分；cont2 判断每门课的成绩是否都大于等于 88 分；cont3 则判断前三门课的成绩是否都大于等于 95 分并且后两门课都大于等于 80 分。上述三个变量的值只要有一个为 True，变量 cont 的值就为 True，学生的成绩就是"优秀"。

【实例 3-5】 多条件分支的实例（二）。

（1）要求：某大学进行 15 分钟长跑体能测试，规则如下：15 分钟跑评定成绩，2 900 m 以上为"及格"，3 020 m 以上为"中等"，3 120 m 以上为"良好"，3 200 m 以上为"优秀"。设计一个程序，根据输入的长跑距离，输出成绩。

（2）分析：设计界面，包含一个文本框、两个标签框和三个命令按钮。在文本框中输入学生 15 分钟跑的距离，单击"确定"按钮，就可得到成绩评定的结果；单击"清除"按钮，就可清除输入的距离和成绩评定的数据。

（3）参考程序如下：

```
Private Sub Button1_Click(sender As Object, e As EventArgs) Handles Button1.Click
    Dim s As Integer
    Dim t1, t2 As String
    s=Val(TextBox1.Text)
    t1="成绩判定："
    If s<2900 Then
        t2="不及格"
    ElseIf s<3020 Then
        t2="及格"
    ElseIf s<3120 Then
        t2="中等"
    ElseIf s<3200 Then
        t2="良好"
    Else
        t2="优秀"
    End If
    Label2.Text=t1+t2
End Sub
```

【实例3-6】Select结构的实例。

（1）要求：用Select Case语句结构设计获奖查询程序，界面设计如图3-8所示。

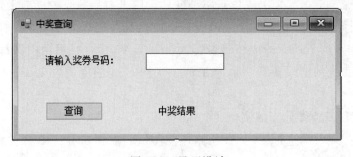

图3-8 界面设计

（2）分析：

① Select Case结构在开始处计算表达式的值。

② 如果不止一个Case与测试表达式相匹配，则只执行第一个匹配的Case语句块。

③ Case Else应放在Select Case结构的最后。

（3）参考程序代码如下：

```
Private Sub Button1_Click(sender As Object, e As EventArgs) Handles Button1.Click
    Dim strinput As String
    strinput=TextBox1.Text
    Select Case strinput
        Case 123
            Label2.Text="太棒了,中了一等奖！"
        Case 120 To 129
            Label2.Text="恭喜你,中了二等奖！"
        Case 100 To 199
            Label2.Text="还不错,中了三等奖！"
        Case Else
            Label2.Text="谢谢参与,祝您下次中奖！"
    End Select
End Sub
```

运行结果如图 3-9 所示。

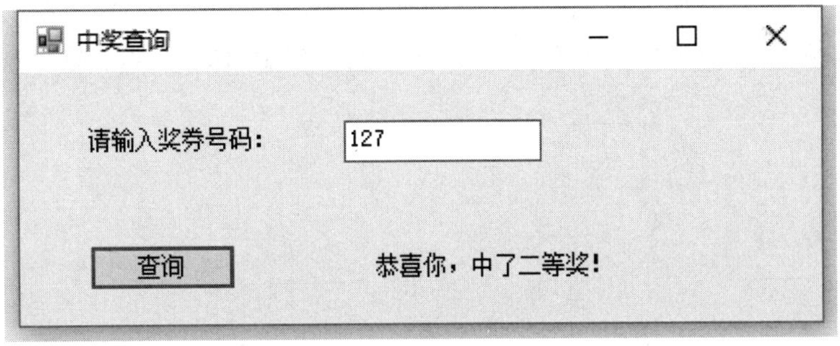

图 3-9　运行结果

五、实验作业

【作业 3-1】编写应用程序，输入一合理工资数目，计算出应该交税款。说明：小于等于 5 000 元免交税，高于 5 000 元但小于等于 8 000 元的部分交 3%的税，高于 8 000 元但小于等于 17 000 元的部分交 10%的税，高于 17 000 元但小于等于 30 000 元的交 20%的税，高于 30 000 元但小于等于 40 000 元的交 25%的税，高于 40 000 元但小于等于 60 000 元的交 30%的税，高于 60 000 元但小于等于 85 000 元的交 35%的税，高于 85 000 元的部分交 45%的税。

【作业 3-2】编制一个程序，在文本框 text1、text2 和 text3 中输入的 3 个数，分别作为三角形的三条边 a、b、c 的值，根据其数值，判断能否构成三角形。若能，在 text4 中显示三角形的性质：等边三角形、等腰三角形、直角三角形、任意三角形；若不能，也要给出判断结果。设计界面如图 3-10 所示。

图 3-10　运行结果

【作业 3-3】创建一个项目，让用户能够在文本框中输入文字，使用 If...Then 结构判断是输入的是"圆"、"三角形"、"正方形"还是"五边形"，并显示输入的形状的边数。如果文本与这些图形都不匹配，提示用户必须输入有效的形状。

【作业 3-4】使用 Select Case 结构将一年中的 12 个月份，分成 4 个季节输出。

【作业 3-5】输入年份，判断它是否为闰年，并显示有关信息。判断闰年的条件是：年份同时满足两个条件：①能被 4 整除，但不能被 100 整除；②能被 400 整除。

第 4 章　循环结构程序设计

一、实验目的

- 掌握各种形式循环语句的使用以及各种语句之间的差别，学会在编程中使用合适的循环结构来解决问题。
- 熟练掌握使用 For 语句进行数值的运算，包括：基本数值处理、统计、判断等操作，关键在于如何利用循环控制变量来控制循环的结束条件。
- 熟练掌握使用条件型循环编写程序，用到的语句有 Do…Loop 和 While…End While。主要任务是对循环前条件初值的设置以及在循环体中对循环变量的更改，避免不能进入循环和死循环的出现。
- 学会使用 For 语句的各种嵌套，并且会输出二维图形。

二、实验时间

3 学时。

三、实验预备知识

1. For 循环

For 循环即 For…Next 循环结构，又称为计数型循环。如果想要重复语句的次数一定，For…Next 通常是较好的选择。For 循环的重复次数可以通过设定一个计数变量及其上、下限来决定，这个计数变量称之为"循环控制变量"，该变量的值在每次重复循环的过程中增大或减小。

For…Next 循环结构的语法格式如下：

```
For 循环控制变量=初始值 To 终止值 [Step 步长]
    [语句块]
    [Exit For]
    [语句块]
Next [循环控制变量]
```

2. Do 循环

Do 循环即 Do…Loop 语句，用于在不知道循环次数的情况下，通过一个条件表达式来控制循环次数的又一种循环结构。Do 循环允许在循环结构的开始或结尾对条件进行测试，还可以指定在条件保持为 True 或直到条件变为 True 时是否重复循环。所以，如果想要更灵活地选择在何处测试条件以及针对什么结果进行测试，一般使用 Do…Loop 语句。

条件前置的 Do While…Loop 结构的语法格式如下：

```
Do  While |Until   <条件表达式>
    [语句块]
    [Exit Do]
    [语句块]
Loop
```

条件后置的 Do…Loop While 结构的语法格式如下：

```
Do
    [语句块]
    [Exit Do]
    [语句块]
Loop  While|Until    <条件表达式>
```

3. 当循环

当循环即 While…End While 循环，用于对一条件表达式进行计算并判断，只要给定条件值为 True，则执行循环体，否则直接执行 End While 后面的语句。每一次循环结束后，重新计算条件表达式。所以，如果要重复一组语句无限次数，可使用 While…End While 结构，只要条件一直为 True，语句将一直重复运行。

While…End While 循环结构的格式如下：

```
While  <条件表达式>
    [语句块]
    [Exit While]
    [语句块]
End While
```

四、实验内容和要求

【实例 4-1】For 循环的简单应用。

要求：输入 5 名学生高数、英语、大学物理的成绩，并求出各门功课的总分、平均分以及每门功课中成绩超过 80 分（含 80 分）的人数。

分析：

（1）在窗体上放置2个标签、2个文本框、1个命令按钮，如图4-1所示。

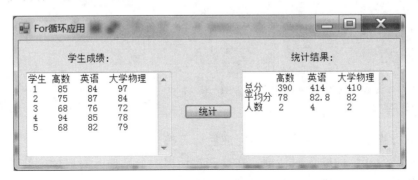

图4-1 初始界面与运行效果

（2）在此，只需对"统计"按钮编写事件处理程序，使单击此按钮时能够输入学生成绩，并按要求进行相应的统计操作，分别在"学生成绩："对应的文本框中显示出5名学生各门功课的成绩，在"统计结果："对应的文本框中显示出每门课程的总分、平均分和各门课程超过80分的人数。

（3）参考程序代码如下：

```
Dim i, n1, n2, n3 As Integer
Dim str1, str2, str3 As String
Dim score1, score2, score3, sum1, sum2, sum3, aver1, aver2, aver3 As Single
n1=0 : n2=0 : str3=Chr(13)+Chr(10)
str1="学生"+"高数"+"英语"+"大学物理"+str3
str2="高数"+"英语"+"大学物理"+str3
For i=1 To 5
    score1=Val(InputBox("请输入第" & Str(i) & "个学生的高数成绩"))
    score2=Val(InputBox("请输入第" & Str(i) & "个学生的英语成绩"))
    score3=Val(InputBox("请输入第" & Str(i) & "个学生的大学物理成绩"))
    sum1=sum1+score1
    sum2=sum2+score2
    sum3=sum3+score3
    If score1>=80 Then n1=n1+1
    If score2>=80 Then n2=n2+1
    If score3>=80 Then n3=n3+1
    str1=str1+Str(i)+" "+Str(score1)+" "+Str(score2)+_
        " "+Str(score3)+str3
Next
```

```
aver1=sum1/5
aver2=sum2/5
aver3=sum3/5
TextBox1.Text=str1
TextBox2.Text=str2+"总分"+Str(sum1)+"  "+Str(sum2)+"   " _
    +Str(sum3)+str3+"平均分"+Str(aver1)+" "+Str(aver2)+_
    ""+Str(aver3)+str3+"人数"+Str(n1)+"    "+Str(n2) _
    +"    "+Str(n3)
```

（4）运行程序。在上述代码编写完成后，可按【F5】键运行程序，单击"统计"按钮将依次显示相应的输入对话框，在这些对话框中分别输入对应学生的各科成绩，输入全部结束后，即可在窗体上显示结果。

【实例 4-2】Do 循环的简单应用（一）。

要求：将从 1 开始的奇数依次相加，直到和不大于且最接近 200 为止，输出最后一个奇数及所求和值。

分析：既可以用 Do…While 语句构造循环，也可以用 Do…Until 语句，不过表达式应该表达这样的意思：直到和值大于 200 时结束循环。

参考程序代码如下：

```
Private Sub Button1_Click(sender As Object, e As EventArgs) Handles Button1.Click
    Dim i As Integer
    Dim sum As Integer
    i=1
    sum=0
    Do While sum<=200
        sum=sum+i
        i=i+2
    Loop
    If sum>200 Then
        sum=sum-(i-2)
        i=i-2                    '思考增加这条语句的原因
    End If
    '在标签框中显示结果
    Label1.Text="最后一个奇数为"+i.ToString+vbCrLf+"和值为"+_
        sum.ToString
End Sub
```

在此代码中，Do…While 循环计数变量为 sum，看它是否小于等于 200：如果为真，则进入循环体，运行代码；否则，将转到 Loop 之后的下一行代码继续执行。Loop 关键字告诉代码返回到 Do…While 行并比较 sum 的新值。

运行结果如图 4-2 所示。

图 4-2　运行结果

【实例 4-3】Do 循环的简单应用（二）。

要求：求 1!+3!+5!+…，以第一个大于 8 888 的奇数项为末项，计算并输出求阶乘所用的项数及阶乘的和值。

分析：根据题意，在对"开始计算"按钮编写事件处理程序时，需要注意，题目中给出的级数中的每一项都是阶乘值，那么在设计代码时，就要考虑如何能够根据前一项的阶乘值求出下一项，并总结出递推规律。

再者，题目要求第一个大于 8 888 的奇数项也参与求和，那么这时采用 Do…Loop While 或 Do…Loop Until 哪种循环都可以，运行到直到阶乘大于 8 888 的那项时结束循环。

参考程序代码如下：

```
Private Sub Button1_Click(ByVal sender As System.Object, ByVal e As _
    System.EventArgs) Handles Button1.Click
    Dim i, t, s, j As Integer
    i=1 : t=1 : s=1 : j=1
    Do
        i=i+2                    '项数递增
        t=t*i*(i-1)              '求某一项的值
        s=s+t                    '累和
        j=j+1                    '求阶乘所用的项数
    Loop Until t>8888
    MsgBox("阶乘的和值:"+Str(s)+vbCrLf+"求阶乘所用的项数:"+Str(j))
End Sub
```

运行结果如图 4-3 所示。

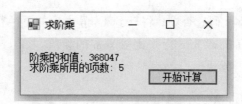

图 4-3　运行结果

【实例 4-4】Do 循环的简单应用（三）。

要求：计算 e 的近似值。e=1+1/1!+1/2!+1/3!+…+1/n!+… 当通项 $1/n! < 10^{-7}$ 时停止计算。

分析：本题可用 Do…Loop While，也可以用 Do…Loop Until 语句，不过表达式应该表达这样的意思：直到通项 $1/n! < 10^{-7}$ 时结束循环。

参考程序代码如下：

```
Private Sub Button1_Click(sender As Object, e As EventArgs) Handles Button1.Click
    Dim n As integer
    Dim t,s ,pi As Double
    n=1 :t=1
    s=1
    Do
        t=t/n                  '求某一项的值
        s=s+t                  '数列项累和
        n=n+1                  '项数递增
    Loop Until t<0.0000001
    TextBox1.Text="e="+s.ToString
End Sub
```

运行结果如图 4-4 所示。

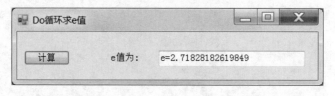

图 4-4　运行结果

【实例 4-5】While 循环的简单应用（一）。

要求：从键盘输入一个正整数，求其各位数字之和及其整数的位数。

参考程序代码如下：

```
Private Sub Button1_Click(sender As Object, e As EventArgs) Handles Button1.Click
    Dim x, s ,k As Integer
    x=Val(TextBox1.Text)
    s=0
    While x>0
        s=s+x Mod 10      '加上末位数
        x=x\10            '去掉末位数
        k=k+1
    End While
    TextBox2.Text=Str(s)
    TextBox3.Text=Str(k)
End Sub
```

初始界面及运行效果如图4-5所示。

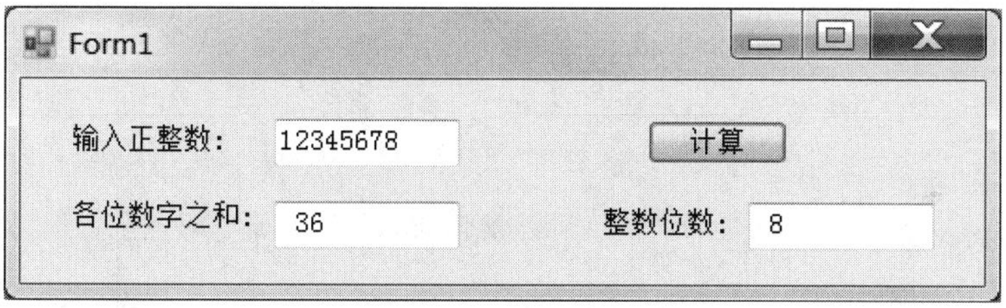

图4-5 运行结果界面

【实例4-6】While循环的简单应用（二）。

要求：由键盘输入两个数，求这两个数的最大公约数（gys）和最小公倍数（gbs）。

分析：利用辗转相除法求得任意两数的最大公约数。所谓辗转相除，就是用大数除以小数，在余数不为0的情况下，将小数给被除数，余数给除数，再次相除，直到余数为0为止，则最后的除数即为最大公约数。最小公倍数等于两个原始数的积除以最大公约数。

参考程序代码如下：

```
Private Sub Button1_Click(sender As Object, e As EventArgs) Handles Button1.Click
    Dim n,m As Integer
    Dim x,y As Integer
    Dim r,gys,gbs As Integer
    n=Val(TextBox1.Text)       '录入原始数值
```

```
        m=Val(TextBox2.Text)
        x=n                    '备份原始数值
        y=m
        r=n Mod m              '取余数
        While r<>0             '当余数不为 0，辗转赋值 再取余
            n=m
            m=r
            r=n Mod m
        End While
        gys=m                  '当余数为 0 时,除数 m 的值即为其最大公约数
        gbs=x*y/gys            '最小公倍数等于两个原始数的积除以最大公约数
        label5.text=str(gys)
        label6.text=str(gbs)
End Sub
```

运行结果如图 4-6 所示。

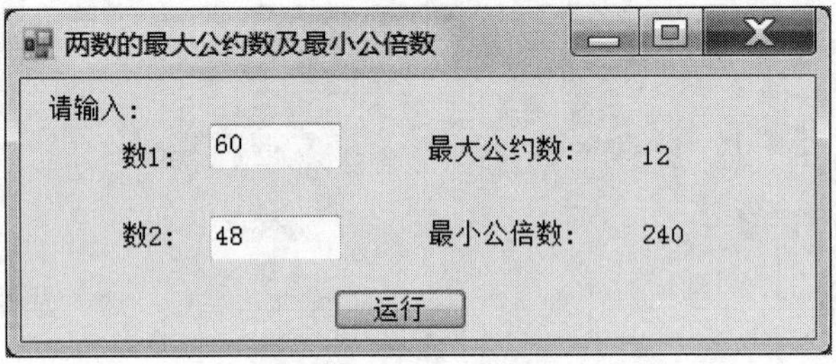

图 4-6 运行结果

【实例 4-7】While 循环的应用——迭代算法。

要求：编制程序，用下列泰勒多项式求 $\sin x$ 的值（精确到 0.000 01）。

$$\sin x \approx \frac{x}{1} - \frac{x^3}{3!} + \frac{x^5}{5!} - \frac{x^7}{7!} + \cdots + (-1)^{n-1} \times \frac{x^{2n-1}}{(2n-1)!}$$

分析：这是一个级数求和问题，经分析其通项公式可得出 a_n 和 a_{n-1} 之间的递推关系：

$$a_{n-1} \times (-1) \times x^2 / ((2 \times n - 2) \times (2 \times n - 1)) \rightarrow a_n$$

通过分析，可以利用上次循环中计算出的 a_{n-1} 经迭代后计算出 a_n，且运算复杂度比直接由通项公式 $a_n = (-1)^{n-1} \times x^{2n-1} / (2n-1)!$ 求出 a_n 要小得多。

参考程序段如下：

```
Private Sub Button1_Click(ByVal sender As System.Object, _
    ByVal e As System.EventArgs) Handles Button1.Click
    Dim x, s, an As Double, n As Integer
    x=InputBox("Please Input X:")
    an=x
    n=1
    s=an
    While Math.Abs(an)>0.00001
        n=n+1
        an=an*(-1)*x^2/((2*n-2)*(2*n-1))    '迭代
        s=s+an
    End While
    MsgBox(s)
End Sub
```

【实例 4-8】For 与 Select 的嵌套实例。

要求：编写应用程序，读入一行字符，统计其中字母、数字、空格和其他字符各有几个。

分析：读入一行字符后，先用 Len() 函数返回字符串的字符个数 n，从而可以通过 For 循环，用 Mid() 函数依次提取每一个字符，进而再判断字符类型并分别计数。

参考程序代码如下：

```
Private Sub Button1_Click(sender As Object, e As EventArgs) Handles Button1.Click
    Dim n, i, zm, sz, kg, qt As Integer
    Dim str1, str2 As String
    str1=InputBox("请读入一行字符")
    n=Len(str1)
    For i=1 To n
        str2=Mid(str1, i, 1)
        Select Case str2
            Case "a" To "z", "A" To "Z"
                zm=zm+1
            Case "0" To "9"
                sz=sz+1
            Case " "
```

```
                kg=kg+1
            Case Else
                qt=qt+1
        End Select
    Next
    msgbox( "字母" & zm & "个" & vbCrLf & "数字" & sz & "个" & vbCrLf &
"空格" & kg & "个" & vbCrLf & "其他字符" & qt & "个" & vbCrLf)
    End Sub
```

输入字符串如图 4-7 所示，输出结果如图 4-8 所示。

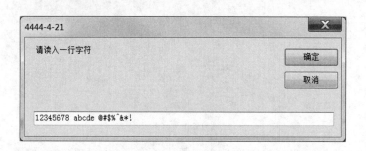

图 4-7 录入字符串   图 4-8 输出结果

【实例 4-9】For 循环的嵌套实例。

（1）编写应用程序，统计并显示在区间[2,10 000]上的完全数。

分析：外层循环提供从 2 到 10 000 的所有数，对于外层选定的一个数 i，内层循环统计从 1 到 i/2 之间可能的整除因子，并分别求和，当各因子之和等于该数自身时，即是完全数，对完全数计数并输出。运行结果如图 4-9 所示。

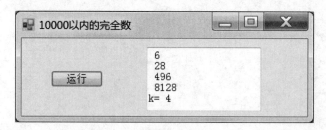

图 4-9 初始界面与运行结果

参考程序代码如下：

```
    Private Sub Button1_Click(sender As Object, e As EventArgs) Handles
Button1.Click
        Dim i, j, s, k As Integer
```

```
    For i=2 To 10000
        s=0
        For j=1 To i/2
            If i Mod j=0 Then s=s+j
        Next
        If s=i Then
            k=k+1
            TextBox1.Text+=Str(i)+vbCrLf
        End If
    Next i
    TextBox1.Text+="k="+Str(k)+vbCrLf
End Sub
```

（2）编写程序，输出两种不同格式的"九九乘法表"。

① 第一种格式如图 4-10 所示。

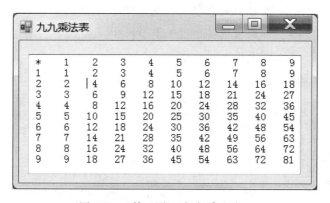

图 4-10　第一种"九九乘法表"

参考程序代码如下：

```
    Private Sub Form1_Load(sender As Object, e As EventArgs) Handles MyBase.Load
        Dim i, j, k, temp As Integer
        Dim str1 As String
        str1=""
        str1=str1+" "+"*"
        For i=1 To 9
            str1=str1+Space(3)+Str(i)
        Next i
        str1=str1+Chr(13)+Chr(10)
```

```
        For j=1 To 9
            str1=str1+Str(j)
            For k=1 To 9
                temp=k*j
                If temp>9 Then
                    str1=str1+Space(2)+Str(temp)
                Else
                    str1=str1+Space(3)+Str(temp)
                End If
            Next k
            str1=str1+Chr(13)+Chr(10)
        Next j
        TextBox1.Text=str1
End Sub
```

本例没有在窗体上放置 Button 按钮，只是放置了一个用于显示输出的文本框，将实现输出乘法表的代码放置到了窗体的 Load 事件中，那么当启动程序运行之后，将触发该事件，即可在文本框中显示乘法表。

② 第二种格式如图 4-11 所示。

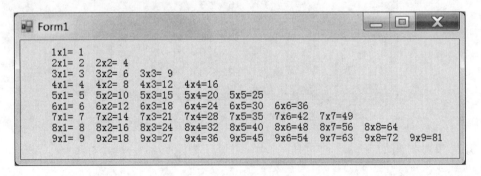

图 4-11　第二种"九九乘法表"

参考程序代码如下：

```
    Private Sub Form1_Load(sender As Object, e As EventArgs) Handles MyBase.Load
        Dim i, j, z As Int16
        Dim t, q As String
        t=""
        For i=1 To 9
            For j=1 To i
```

```
            z=i*j
            q=Str(z)
            If z>=10 Then q=LTrim(q)      '去掉两位数的空格以便对齐
            t=t+Space(2)+Trim(Str(i)) & "x" & Trim(Str(j)) & "=" & q
        Next
        t=t+vbCrLf
    Next
    Label1.Text=t
End Sub
```

【实例4-10】穷举算法的实例。

要求：以每行5个显示1 000以内的所有质数。

分析：首先设计算法，编制判断任一自然数是否为质数的函数过程。判断任一自然数n是否是质数，只需考查从2到n的平方根之间的所有整数都不能被n整除即可，一旦发现有一个能整除，则可确定n一定不是质数。然后另外编写事件代码，调用该过程，逐一判断2~1 000之间的每一个自然数是否为质数，"是"则按要求输出。

参考程序代码如下：

```
Function sushu(ByVal n As Integer) As Boolean    '函数过程,判断n是否为质数
    Dim i As Integer, flag As Boolean
    flag=True
    i=2
    For i=2 To Int(Math.Sqrt(n))
        If n Mod i=0 Then
            flag=False
            Exit For
        End If
    Next
    sushu=flag
End Function
Private Sub Button1_Click(ByVal sender As System.Object, _
        ByVal e As System.EventArgs) Handles Button1.Click
    Dim str1 As String
    Dim k, n As Integer
        'k的功能是用来统计质数的个数,够5个就换行
    k=0
    str1=""
    For n=2 To 1000                    '穷举n从2到1000是不是素数
        If sushu(n) Then               '是质数,就按每行5个的格式输出
```

```
            str1=str1+Str(n)+"   "
            k=k+1
            If  k Mod 5=0 Then
                str1=str1+vbCrLf
            End If
        End If
    Next
    TextBox1.Text=str1
End Sub
```

运行结果如图 4-12 所示。

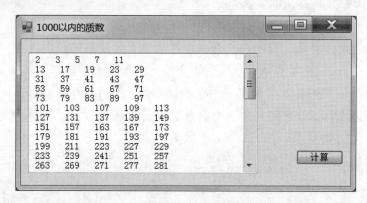

图 4-12　运行结果

五、实验作业

【作业 4-1】找出所有的 3 位数中，能同时被 3 和 7 整除，且个位、十位、百位上的数码之和等于 18 的数，将这些数以每行 5 个的形式输出，并求出满足条件的数据个数。

【作业 4-2】编写应用程序，统计并逐行显示（每行 10 个数）在区间[10 000，20 000]上的回文数。

【作业 4-3】利用循环嵌套，求 sum 的值。sum=1+(1+2)+(1+2+3)+…+(1+2+3+…+100)。

【作业 4-4】求数列前 20 项的和，数列为：2/1，3/2，5/3，8/5，13/8，21/13……

【作业 4-5】求级数前 50 项和：$1×2-2×3+3×4-4×5+…+(-1)^{(n-1)}×n×(n+1)+…$

【作业 4-6】求级数前 50 项和：$1×2+2×3+3×4+4×5+…+n×(n+1)+…$

【作业 4-7】已知 $Sin(x)=x-x^3/3!+x^5/5!-x^7/7!+…$，编写应用程序，计算 Sin(0.2) 的值，要求计算到求和项的绝对值小于 $1×10^{-10}$ 为止。

【作业 4-8】求阶乘小于 9 999 的那个最大自然数是多少。

【作业 4-9】输入一个十进制整数（不多于 8 位），分析它是几位数，并求其各位数数字之和。

【作业 4-10】编写程序，计算下面级数中奇数项的部分和 OS。在求和过程中，当某个奇数项（注意，该项参与求和）小于 0.0001 时，求和终止并输出结果 OS。结果取 6 位小数。

$1/(1\times 2)-1/(2\times 3)+1/(3\times 4)-1/(4\times 5)+\cdots+(-1)^{\wedge}(n-1)\times 1/(n\times(n+1))+\cdots$

【作业 4-11】对自然数求和，当和值大于等于 80 000 时结束，输出此时的和值 S 及项数 N。

【作业 4-12】编写程序，计算并输出下面级数中偶数项的和 Sum，求和过程在第一次出现和值 Sum 的绝对值大于 1 000 时结束（包括该值）。原级数和可表示为：

$1\times 2-2\times 3+3\times 4-4\times 5+\cdots+(-1)^{\wedge}(n-1)\times n\times(n+1)+\cdots$

第 5 章 程序调试与异常处理

一、实验目的

- 了解 Visual Basic.NET 调试中常见的错误类型。
- 了解程序编辑调试过程中常用的运行环境配置方法。
- 掌握利用 Visual Studio 2013 集成开发环境中的工具来发现、更正 Windows 应用程序中的错误的调试方法。
- 了解结构化错误处理方法来捕获程序中的错误,并进行相应的处理。

二、实验时间

1学时。

三、实验预备知识

1. VB.NET 应用程序的三种工作模式

Visual Basic.NET 应用程序的三种工作模式:设计模式、运行模式和中断模式。

(1) 设计模式。在设计模式下,编辑器包括"设计器"和"代码"两种设计视图。其中,只有在设计器视图状态下,才能够显示工具箱,在窗体上添加控件对象,设置控件的属性;在代码视图中编写程序代码,还可以为程序设置断点。设计器视图和代码视图之间既可以通过【视图】菜单下的命令来切换;也可以在【解决方案资源管理器】中通过图标按钮进行切换。

(2) 运行模式。程序设计完成后,使用快捷键【F5】,或者执行【启动调试】命令,系统就会从设计模式进入运行模式。在运行模式下,可以测试程序的运行结果,可以与应用程序对话,还可以查看程序代码,但不能修改程序。

（3）中断模式。在运行模式的程序执行过程中，当程序出现语义错误或异常情况，或者在设计模式下的代码窗口中设置断点时，系统自动由运行模式转为中断模式。在中断模式下，可以利用各种调试手段检查或更改某些变量或表达式的值，或者在断点附近逐语句执行程序，以便发现错误或改正错误。

2．编程中常会出现的三种错误类型

（1）语法错误。语法错误是一种程序编写中出现了违反 Visual Basic.NET 语法规则的错误，比如变量没有定义、参数类型不匹配、控件对象未添加、缺少元素、关键词录入错误等。

在 Visual Studio 2013 集成开发环境中遇到语法错误时，可以通过其智能感知功能，在编译程序之前及时地发现程序中的语法错误，并用波浪线标示出来，同时错误消息还将显示在【错误列表】窗口中。这些消息将告诉错误的具体位置（行、列、文件），并给出错误的简要说明。

（2）语义错误。程序源代码的语法正确而语义或意思与程序设计人员的本意不同时，就是语义错误。此类错误比较难以察觉，其通常在程序运行过程中出现。

比如说，溢出错误、下标越界错误、未将对象引用设置到对象的实例中等。当程序中出现这种错误时，程序会自动中断，并给出可能的错误类型。

（3）逻辑错误。在编程的时候，有时候会出现这样一种情况：明明程序编译的时候没发现任何错误，每个语句都符合语法规则，程序也能正常的进入退出。可是它就是不能完成想要实现的结果。在这种情况下，多半就是程序中出现了逻辑错误。

3．结构化异常处理

结构化的错误处理结构可以用来测试错误。当程序运行到出错的地方后，将激活错误捕捉代码，并输出错误信息。

```
Try
    语句块 1
Catch              '抓取代码块 1 中的异常
    语句块 2        '出异常后的处理
Finally
    语句块 3        '不管出不出异常都会执行
End Try
```

四、实验内容和要求

【实例 5-1】测试 n/0 调试异常示例。

通常,将除数为零的错误也归于语义错误,但是在编写 Visual Basic.NET 程序时,输入下面的代码:

```
Private Sub Button1_Click(ByVal sender As System.Object, ByVal e As _
System.EventArgs) Handles Button1.Click
    Dim a As Integer
    Dim b As Integer
    Dim c As Double
    a=0
    b=1
    c=b/a                       'c等于1除以 0,这里会产生一个错误
    Msgbox(c)                   '输出结果
End Sub
```

编译时没有报错,但是注意输出对话框中输出的结果:"正无穷大",系统并没有与以前的 Visual Basic 版本一样,出现"Division by zero"的错误提示。可见在新的 Visual Basic.NET 开发环境中对除零的错误是隐式处理的,这一点要注意。在程序中要尽量避免除数为零的错误。当然,也可以在异常窗口中进行设置,让程序发生此类错误时自动中断。

【实例 5-2】求一个学生 5 门课程成绩的平均分。

程序实现代码:

```
Private Sub Button1_Click(ByVal sender As System.Object, ByVal e As _
 System.EventArgs) Handles Button1.Click
    Dim index As Integer=5                              '一共有 5 门课程
    Dim mark() As Integer={80, 90, 85, 68, 78}          '给出每门课的成绩
    Dim average As Double          'average 变量用来存放平均分
    Dim total As Integer           'total 变量用来存放总分
    For index=1 To 5
       total+=mark( index-1 )
    Next index                     '上面的循环是为了将各门功课的分数相加
    average=total/index            '求平均分
    msgbox( average )              '输出结果
End Sub
```

上面的程序顺利运行,并输出结果,如图 5-1 所示。

这个结果实际上是错误的。当输入的分数,分别是 80,90,85,68,78 时,这几个分数的平均数会是 66.8333333333333,显然这里有一个逻辑错误。

那这个程序错在哪里呢?读者可以将此题作为课后程序分步调试的一个练习实例,通过监视窗口,查看 index 的变化,看一看最终求平均值时 index 的实际值,就明白产生这个逻辑错误的原因了。

图 5-1 输出结果

【实例 5-3】结构化异常处理捕捉数组下标越界异常示例。

```
Private Sub Button1_Click(ByVal sender As System.Object, _
    ByVal e As System.EventArgs) Handles Button1.Click
        Dim a(5) As Single
        Try
            a(6)=10
            MsgBox(a(6))
        Catch exp As IndexOutOfRangeException
            MsgBox("下标越界!!! ")         '检测下标越界错误
        Catch erro As Exception
            MsgBox("其他异常错误")         '检测其他错误
        End Try
End Sub
```

上面的例子中,为了检测出越界错误,直接将异常定义为 IndexOutOfRangeException(越界错误)。检测出了下标越界的错误,调试结果如图 5-2 所示。

在 Visual Basic.NET 程序中,数组的下标下界是零。也就是说,如果定义一个数组 a(5),其长度为 6,范围从 a(0) 到 a(5)。故这里如果给元素 a(6) 赋值,将发生越界错误。利用 Try…Catch…Finally 结构还可以在发生错误后继续执行后面的程序,而不会因为发生错误中断程序的执行。比如

图 5-2 下标越界的错误

上面的例子中发生了一个越界错误,在下面的例子中不但要捕捉到这个错误,而且还要利用 Finally 语句执行另一个命令,以测试另一种情况下是否有错误发生。

```
Private Sub Button1_Click(ByVal sender As System.Object, ByVal e As _
    System.EventArgs) Handles Button1.Click
        Dim a(5) As Single
```

```
        Try
            a(6)=10
            MsgBox(a(6))
        Catch err As Exception
            MsgBox(err.Message)
        Finally
            Try
                a(2)=5
                MsgBox(a(2))
            Catch exp As Exception
                MsgBox(exp.Message)
            End Try
        End Try
    End Sub
```

这样的话，程序运行时首先汇报越界错误，然后再输出 a(2)的值为 5。但如果给 a(2)赋值就不会有问题，因此在上面例子的 Finally 中利用 a(2)来赋值就没有发生问题，正常输出了"5"。

【实例 5-4】学生成绩录入的结构化异常处理示例。

如果录入成绩在 0~100 分，返回信息 "ok!"，如果录入成绩不合理的数值，返回信息为 "sorry!"，如果文本框这种录入为非数值信息，则通过结构化异常处理语句，捕捉到异常信息并显示出来，如图 5-3 所示。

```
Private Sub Button1_Click(sender As Object, e As EventArgs) Handles Button1.Click
    Dim score As Integer
    Try
        score=CInt(TextBox1.Text)      '文本框中必须录入有效成绩数值
        If score>=0 and score<=100 Then
            MsgBox("ok !")
        Else
            Msgbox("sorry !")
        End If
    Catch err As Exception
        MsgBox(err.Message)      '检测其他错误
    End Try
End Sub
```

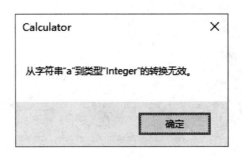

图 5-3　数据类型的错误

五、实验作业

【作业 5-1】设计一个 For 循环程序，实验各种调试程序方式，并通过输出窗口找到错误位置。

【作业 5-2】设计一个 For 循环程序，在其中设置断点，并添加监视，通过逐语句调试观察程序运行的情况。

【作业 5-3】模仿实例 5-4，利用结构化异常处理语句，捕捉和显示程序中的错误。

第 6 章 数 组

一、实验目的

- 掌握数组以及定长数组的概念。
- 掌握一维定长数组和二维定长数组的定义、赋值、引用、输入和输出的方法。
- 正确理解和掌握使用下标引用数组元素的方法。
- 掌握动态数组的概念、定义方法及使用。
- 掌握数组的常用属性和方法。
- 掌握 For Each…Next 循环结构的使用。
- 了解结构的概念以及定义方法。

二、实验时间

4 学时。

三、实验预备知识

1. 数组及定长数组的概念

数组是具有相同数据类型且按一定次序排列的一组变量的集合体，构成数组的这些变量称为数组元素，数组元素之间是通过下标来区分的，数组元素的个数就是数组的长度。

数组必须先定义（声明）后使用，定义时要明确数组名、数组类型、数组维数等。在 Visual Basic.NET 中，按定义数组时下标的个数来确定数组的维数，只有一个下标的数组称为一维数组，具有两个或两个以上下标的数组称为二维数组或多维数组。

在 Visual Basic.NET 中有两种形式的数组：定长数组和动态数组。定长数组的长度在定义时就是确定的，在程序运行过程中是固定不变的，即定长数组的元素个数是固定不变的。

2．一维数组的定义、赋值、引用

（1）一维数组的定义。如果用一个下标就能确定数组中的不同元素，这种数组称为一维数组。一维数组的声明是在变量名称后面加上一对圆括号。具体格式为：

```
Dim 数组名(下标上界)[As 数据类型]
```

其中，数组名是用户定义的标识符，要符合标识符命名规则。数组的下标下界为0，数组的长度为：下标上界+1。"数据类型"指定数组中每个数组元素的数据类型，如Integer 表明数组中的每个元素都是整型。用 Dim 语句声明数组为系统提供了一系列信息，如数组名称、数组中各元素的类型、数组的维数和各维的大小等。例如，要表示10个学生的成绩（均为整数），可以声明具有10个元素的数组 score，其声明如下：

```
Dim score(9) As Integer
```

该语句声明了一个一维数组，该数组的名称为 score，每个元素的数据类型为整型，下标范围为 0～99；数组各元素通过不同的下标来区分，分别为 score(0)、score(1)、…、score(99)；score(i)表示下标值是 i 的数组元素，其中，i 的值介于 0~99 之间。

数组元素是带有下标的变量，其一般表示形式为：

```
数组名(下标)
```

下标表示顺序号，每个数组元素有一个唯一的顺序号，下标不能超出数组声明时的上界、下界范围。一维数组元素仅需一个下标，下标可以是整型的常量、变量、表达式，甚至还可以是一个数组元素。定义 score 数组后，score(10)、score(3+4)、score(i)（i 为整型变量名）都表示该数组的数组元素，但若 i 的值超出 0～99 的范围，则程序运行时会显示"索引超出了数组界限"。

（2）一维数组的赋值。对数组的赋值，既可以在声明数组时直接给数组元素赋初值，也可以在定义过后，在程序中通过循环结构中的赋值语句逐个给元素赋值。

① 数组定义时，可直接赋值。格式如下：

```
Dim 数组名() As 数据类型={数组元素值}
```

例如：

```
Dim intScore() As Integer = {56,78,83}
```

② 定义了数组之后，再给它赋值，通常可以通过一个 For 循环来完成。

（3）一维数组的引用。对数组的操作主要是通过对其数组元素的操作来完成的，对数组的引用，通常也是指对其元素的引用。由于数组中各元素通过下标来区分，数组元素的引用方法就是在数组名后面的括号中指定要引用元素的下标。又因为下标可以使用变量,所以数组和循环语句结合使用,使得程序书写简洁、操作方便。

3. 二维数组的定义、赋值、引用

(1)二维数组的定义。二维数组的定义是在变量名后面加上一对圆括号并将逗号置于圆括号中以分隔维数。具体格式为:

```
Dim 数组名(下标1上界,下标2上界) As 数据类型
```

其中,下标的个数决定了数组的维数,有两个下标的即为二维数组,两个下标之间用逗号隔开。"数据类型"决定了每个数组元素的数据类型。声明了数组后,每一维下标的取值范围就确定了,数组的元素个数也就确定了。和定义一维数组一样,也可以使用 Public、Private、Static 关键字来声明公用二维数组、模块级的私有二维数组以及静态二维数组。

对二维数组来说,每一维的长度为"上界+1",数组的长度是数组的各维长度的乘积,它表示数组中所包含的元素的总个数。即:

```
二维数组的元素个数=(第0维的下标上界+1)×(第1维的下标上界+1)
```

假设有如下数组定义语句:

```
Dim A(2,3) As Single
```

该语句声明了一个单精度类型的二维数组,第 0 维下标的取值范围为 0~2,第 1 维下标的取值范围为 0~3,每一个数组元素都是单精度类型。声明该数组后,系统要为每一个数组元素分配 4 字节的存储单元,并且各存储单元是连续的。数组 A 的总大小是(2+1)×(3+1),结果为 12,共占据 12 个单精度类型变量的存储空间。

(2)二维数组的赋值。对二维数组的赋值,也是既可以在声明数组时直接给数组元素赋初值,也可以在定义过后,在程序内部通过循环结构中的赋值语句逐个给元素赋值。

① 数组定义时,可直接赋值。格式如下:

```
Dim 数组名(,) As 数据类型={{数组元素值},{数组元素值}}
```

例如:

```
Dim intScore(,) As Integer={{4,3,2},{5,4,1},{6,9,8},{7,5,2}}
```

② 定义了数组之后,再给它赋值,通常可以通过一个双重循环来完成。

(3)二维数组的引用。二维数组的引用与一维数组在原则上没有区别,同样是要求在引用数组元素时,数组名、数据类型、维数和下标的范围必须与数组的声明严格一致。

4．动态数组的定义方法

定义动态数组和定长数组的不同之处是不指定数组的下标界限。定义动态数组可分为两步：

（1）在模块的通用声明部分或者过程中，定义一个没有下标参数的数组。其形式为：

```
说明符 数组名()As 数据类型
```

其中，说明符可以是 Dim、Public 或 Static 等。如果要定义多维数组，可以在括号中加逗号，以表明维数。如要声明二维的动态数组，形式如下：

```
说明符 数组名(,) As 数据类型
```

（2）使用数组前，使用 Redim 语句指定数组每维下标的上界，即配置数组个数。其形式为：

```
Redim [Preserve] 数组名(下标上界[,下标上界])
```

其中，下标上界可以通过常量给出，也可以通过有了具体值的变量给出。

5．数组的常用属性和方法

在 Visual Basic.NET 中，所有数组都是从 System 命名空间中的 Array 类继承的，用户可以在任何数组中访问 System.Array 类的方法和属性。下面列出的是 Array 类的常用属性和常用方法及其说明。

（1）Rank 属性。数组的维数称为数组的"秩"，Rank 属性返回数组的秩。

（2）Length 属性。获取数组所有维度中的元素总数。可以通过更改单个维的大小来更改数组的总大小，但是不能更改数组的秩。

（3）GetLength( )方法。获取数组指定维度的长度，其中作为该方法参数的维度是从零开始的。

（4）GetLowerBound( )方法和 GetUpperBound( )方法。获取数组指定维度的索引下界和上界。每个维度的最小索引值始终为 0，而 GetUpperBound( )方法返回指定维的最大索引值。对于每个维，GetLength( )的返回值都比 GetUpperBound( )的返回值大 1。与 GetLength( )一样，为 GetUpperBound( )指定的维度也是从零开始的。

（5）System.Array.Sort( )方法。对一维数组中的元素升序排序。

6．For Each...Next 循环的格式

For Each...Next 循环针对一个数组或集合中的每个元素，重复执行一组语句。其格式如下：

```
For Each 元素 [As 数据类型] In 组合
    [循环体]
```

```
    [Exit For]
    [循环体]
Next [元素]
```

（1）元素。在 For Each 语句中是必选项，在 Next 语句中是可选项，用来枚举集合或数组中所有元素的变量，用于循环访问集合或数组中的每个元素。

（2）数据类型。若在 For Each 语句前未进行元素定义，则可以在此处定义元素的数据类型，一般将其类型与数组或集合元素类型保持一致。这种情况下，其使用范围就限定在 For Each...Next 循环之中。

（3）组合。必选项，是对象变量，表示集合或数组的名称。

（4）循环体。可选项，对组合中的每一项执行的一条或多条语句。

（5）Exit For。可选项，提前退出循环，将控制转移到 For Each...Next 循环外。在循环体中，可以在任何位置放置 Exit For 语句以退出循环。一般情况下，Exit For 语句与条件语句配合使用。

（6）Next。必选项，终止 For Each...Next 循环的定义。

该语句的功能是对数组或集合中的每个元素重复执行一次循环体。每次循环时，元素取数组或集合中的一个元素值。需要注意的是，迭代次数在循环开始之前只计算一次，如果语句块更改了元素或组合，这些更改不影响循环的迭代。

7．结构的概念、定义及使用方法

（1）结构的概念。在 Visual Basic.NET 中，除了基本数据类型以外，还允许用户自己定义数据类型。用户自定义类型称为"结构"（Structure），包含一个或多个不同种类的数据类型，它是一个或多个不同数据类型成员的串联，视自定义类型的成员来决定存放的数据。结构通过合并不同类型的数据项来创建，可将一个或多个成员彼此关联，并且将它们与结构本身关联。

（2）结构的定义。结构的声明方法如下：

```
[private|public] Structure 结构名
    Dim 成员名1  As  数据类型
    …
    Dim 成员名N  As  数据类型
End Structure
```

Structure 和 End Structure 语句中间的声明定义了结构的成员，成员的声明顺序决定了采用该结构数据类型声明的变量的存储顺序。每个成员都使用 Dim 语句声明，并指定其数据类型。

（3）结构的使用。对于一个结构变量，其使用就像使用对象的属性一样，可以通过结构变量名后跟上点号再跟上成员名称来访问，即"结构名.成员名"。用户可以像使用基本数据类型一样使用自定义数据类型，也可以声明局部的、模块级的或公用的结构变量。

四、实验内容和要求

【实例 6-1】编写程序，利用随机函数产生指定区间的随机数为一维数组赋值（数组长度任意），并分别统计数组元素中奇数和偶数的个数，用户界面如图 6-1 所示。

由于产生的随机数要在指定的区间，所以用户输入了区间值之后要对区间的有效性进行判断。只有当右区间值大于左区间值时才可以继续向下计算，否则应告诉用户相应的提示信息并进行重新输入。

图 6-1　用户界面图

产生随机数要使用到 Rnd( )函数，该函数返回的随机数的区间是[0,1]，而题目要求产生的随机数要在指定的区间[A,B]，所以需要将 Rnd( )函数产生的随机数进行变换，从而生成符合题目要求的数值区间，变换方式为：Int(A+Rnd( )*(B–A+1))。

具体实现代码如下：

```
Private Sub Button1_Click(sender As Object, e As EventArgs) Handles Button1.Click
    Dim a, b, i, n1, n2 As Integer
    Dim arr(10) As Integer      '将数组定义为包含 11 个元素的整形数组
    n1=0                        'n1 用来统计奇数的个数
    n2=0                        'n2 用来统计偶数的个数
    a=Val(TextBox1.Text)        '读取左区间值
    b=Val(TextBox2.Text)        '读取右区间值
    If a<b Then
        For i=0 To 10
            arr(i)=Int(a+Rnd()*(b-a+1))
            '对数组元素进行奇偶判断,并将对应计数器增 1
            If arr(i) Mod 2=1 Then
                n1=n1+1
```

```
            Else
                n2=n2+1
            End If
        Next
        TextBox3.Text=CStr(n1)
        TextBox4.Text=CStr(n2)
    Else
        MsgBox("请重新输入区间值！")
        TextBox1.Text=""
        TextBox2.Text=""
    End If
End Sub
```

如果希望看到一维数组利用随机函数赋值后的取值情况，可以增加一个字符串变量，在 For 循环中对数组元素赋完值后，可以将其连接到字符串变量中，退出循环后直接输出该变量即可显示数组元素。请读者自行完成对以上代码的修改。

【实例 6-2】设计图 6-2 所示的用户界面，在"请输入一串英文字符："文本框中输入一串字符，单击"统计"按钮后在"出现次数统计结果："文本框中显示各字母出现的次数（统计次数时不区分字母的大小写）。

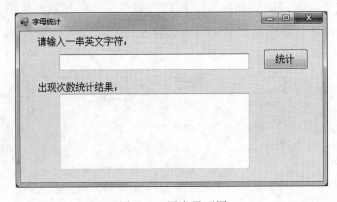

图 6-2 用户界面图

由于题目只要求统计不区分大小写的英文字符的出现次数，所以对于用户输入串中的字符，如果判定为英文字符时才需要进行统计，其他字符则不需统计。英文字符（不区分大小写）一共有 26 个，所以需要定义一个长度为 26 的整形数组来存储 26 个英文字符的出现次数，即字母"A"/"a"的出现次数统计在数组下标为 0 的第 1 个元素中，依次类推。

在进行字符次数统计时，可以将输入串中的每个字符都转换成大写形式，求得其 ASCII 码值与大写字母"A"的 ASCII 码值的差值，如果判定该字符为英文字符，则此差值即为存储该字母出现次数的对应数组元素的下标值，直接使该元素值增 1 即可。

具体实现代码如下：

```
Private Sub Button1_Click(sender As Object, e As EventArgs) Handles Button1.Click
    Dim s As String
    '定义一个长度为 26 的数组来存储英文字符的出现次数
    Dim c(25) As Integer
    Dim i, j As Integer
    TextBox2.Text=""      '结果显示框先清空
    s=TextBox1.Text       '取用户输入串到变量 s 中
    '利用 Len()函数计算串长,结合 For 循环提取字符
    For i=1 To Len(s)
        '将字符转换为大写后计算其与大写字母"A"的 ASCII 码值差
        j=Asc(UCase(Mid(s, i, 1)))-65
        '判定如果是字母则进行统计
        If j>=0 And j<=25 Then
            c(j)=c(j)+1
        End If
    Next
    '在结果框中显示输出每个字母的出现次数
    For i=0 To 25
        TextBox2.Text=TextBox2.Text & Chr(65+i) & "=" & c(i) & " "
        '使每行显示 8 个
        If(i+1) Mod 8=0 Then TextBox2.Text=TextBox2.Text & vbCrLf
    Next
End Sub
```

在结果输出时，由于考虑到要显示的结果有 26 个，在文本框的一行中无法完全显示，所以当每行显示够 8 个时进行换行操作。

程序启动运行后，输入一串字符，单击"统计"按钮，运行显示结果如图 6-3 所示。

Visual Basic.NET 程序设计技术实践教程

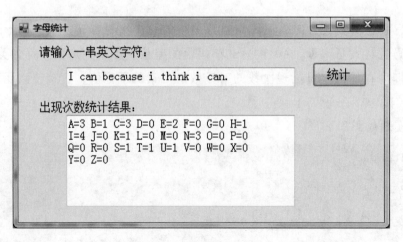

图 6-3 运行结果图

【实例 6-3】 四个家电商场一个月内售电冰箱的情况如表 6-1 所示，假定三种品牌的电冰箱价格如表 6-2 所示，编写程序，计算各商场电冰箱的月营业额。要求：

（1）把销售情况数据放在一个二维数组中，用 InputBox( ) 函数输入各种电冰箱的销售数量。

（2）把电冰箱的价格放在一个一维数组中，直接在定义数组时输入三种冰箱的价格。

表 6-1 电冰箱销售情况

商　　场	海　尔　牌	容　声　牌	阿里斯顿牌
第一商场	120	210	80
第二商场	145	324	186
第三商场	368	215	84
第四商场	243	258	136

表 6-2 电冰箱的价格

牌　　号	价格（元）
海尔牌	2 300
容声牌	2 600
阿里斯顿牌	2 200

在窗体上放置一个 Label 标签和一个用于启动运算的 Button 按钮，窗体设置如图 6-4 所示。

图 6-4　窗体设置图

由于各个商场的电冰箱的销售数量与每种冰箱的单价分别要放在一个二维数组和一维数组中，在计算总销售额时，就要用每个商场每种冰箱的销售额分别去与对应冰箱单价相乘，即二维数组的每一行上的元素要与一维数组的对应元素分别相乘，将所得的乘积累加即为要求的月营业额。

具体实现代码如下：

```
Private Sub Button1_Click(sender As Object, e As EventArgs) Handles Button1.Click
    '定义4行3列的二维数组用于存储各个商场各种冰箱的销售情况
    Dim fridges(3, 2) As Integer
    '定义一维数组存储每种电冰箱的价格
    Dim fridgep() As Integer={2300, 2600, 2200}
    Dim s As Integer    '用于存储总销售额
    Dim i, j As Integer
    For i=0 To 3
        For j=0 To 2
            fridges(i, j)=Val(InputBox("请输入销售量:"))
        Next j
    Next i
    For i=0 To 3
        s=0
        '利用循环用每个商场每种冰箱的销售额分别去与对应冰箱单价相乘后求总和
        For j=0 To 2
            s=s+(fridges(i, j))*fridgep(j)
        Next j
        '统计结果显示
        Select Case i
            Case 0
                MsgBox("第一商场:" & Str(s) & "元", , "结果")
            Case 1
```

```
            MsgBox("第二商场:" & Str(s) & "元", , "结果")
        Case 2
            MsgBox("第三商场:" & Str(s) & "元", , "结果")
        Case 3
            MsgBox("第四商场:" & Str(s) & "元", , "结果")
        End Select
    Next i
End Sub
```

程序运行后,单击"开始统计"按钮,按照表格依次输入各个商场各种冰箱的销售情况后,显示结果如图 6-5 所示。

（a）第一商场营业额　　　　　　　　（b）第二商场营业额

（c）第三商场营业额　　　　　　　　（d）第四商场营业额

图 6-5　显示结果

【实例 6-4】把 201~236 这 36 个自然数按行赋给二维数组 A(5,5),计算输出主对角线以上（含主对角线）各元素值的立方根之积。

给二维数组赋值通过一个双重循环即可实现。要求主对角线以上的上三角形中的各元素立方根之积,关键是要找到上三角形元素下标值的特点,通过对循环变量作变换,从而使得以循环体中的循环变量作为下标值表示的即为上三角形中的元素。

对于 N 行 N 列的二维数组来说,主对角线上的元素可表示为 A(i,i)（i=0~N−1）,

即主对角线上的元素的行标与列标值相等。要表示上三角形中的元素，只需使列标从 i 到 N-1 作变换即可。

具体实现代码如下：

```
Private Sub Button2_Click(sender As Object, e As EventArgs) Handles Button2.Click
    Dim k, i, j As Integer
    Dim a(5, 5) As Integer
    Dim str1 As String
    Dim s As Double
    str1=""
    k=InputBox("enter begin data:")
    For i=0 To 5
        For j=0 To 5
            a(i, j)=k
            k=k+1
            str1=str1+Str(a(i, j))+"    "
        Next j
        str1=str1+Chr(13)+Chr(10)
    Next i
    s=1    '变量s用来存储立方根之积,初值置1
    For i=0 To 5
        For j=i To 5
            '在此循环体中的元素 a(i, j)即为上三角形中的元素
            s=s*a(i, j)^(1/3)
        Next j
    Next i
    str1=str1+Str(s)
    MsgBox(str1)
End Sub
```

完成后请思考如何将数值按列赋值给二维数组，以及如何求以主（次）对角线分割的上、下三角形中含（不含）对角线的各元素的立方根之积。

【实例 6-5】编写程序，依次通过键盘输入 N 个数，并将其放到一维数组中，在放数过程中始终保持数组是从小到大的序排列的，在窗体的文本框中可以同步显示出数组的赋值情况。

题目要求通过键盘输入 N 个数放到一维数组中，数组长度不确定，适合使用动态

数组。而且不是简单地对数组元素的赋值,要求在给数组赋值的过程中保持数组的有序排列,这就要求在放数时,将该数与数组中已经有的元素值进行比较,找到该数在数组中的位置。在比较时,要从数组中已有元素的尾部进行,不满足指定的排序要求则该元素要进行右移位操作进行腾位。第一个数不需要比较直接放到数组的第一个元素中。

具体实现代码如下:

```vbnet
Private Sub Button1_Click(sender As Object, e As EventArgs) Handles Button1.Click
    Dim N, k, i, j As Integer
    Dim a() As Integer
    N=InputBox("input N:")    '输入数组长度
    ReDim a(N-1)
    a(0)=InputBox("输入数组第一个元素")   '第一个数可直接放在第一个数组元素中
    TextBox1.Text=Str(a(0))
    '利用循环输入其余的n-1个数
    For i=1 To N-1
        k=InputBox("输入数组第" &(i+1) & "个元素")
        '用新输入的数与数组中已有的值进行大小比较
        For j=i-1 To 0 Step-1
            If k<a(j) Then    '新数比该数组元素小,则该元素右移一位
                a(j+1)=a(j)
            Else
                Exit For
            End If
        Next
        a(j+1)=k    '将新输入的数放到数组对应元素中
        '每插入一个新的数组元素,则重新显示一下数组情况
        TextBox1.Text=""
        For j=0 To i
            TextBox1.Text=TextBox1.Text & Str(a(j))
        Next
    Next
End Sub
```

程序启动运行后,单击"开始赋值"按钮,首先提示输入数组长度值,之后分别输入数组各元素值,运行效果如图6-6所示。

第 6 章 数 组

图 6-6 运行效果图

【实例 6-6】编写程序，为 N 行 N 列的二维数组 A 赋值，并计算输出该数组的最大值。

题目没有明确指出数组的行列数，所以应将数组定义为动态数组。在求最大值时，首先要定义一个变量来存放最大值，并要将该变量的初值设为数组中的首元素，之后通过对数组的遍历操作来完成查找最大值。

具体实现代码如下：

```
Private Sub Button1_Click(sender As Object, e As EventArgs) Handles Button1.Click
    Dim N, max, i, j As Integer
    Dim a(,) As Integer
    Dim str1 As String=""
    N=InputBox("请输入数组的行列数：")
    ReDim a(N-1, N-1)
    For i=0 To N-1
        For j=0 To N-1
            a(i, j)=Rnd()*50        '利用随机函数为数组赋值
            str1=str1 & Str(a(i, j))
        Next
        str1=str1 & vbCrLf
    Next
    max=a(0, 0)                     '将首元素赋给max
    For i=0 To N-1                  '通过循环遍历找最大值
        For j=0 To N-1
            If max<a(i, j) Then max=a(i, j)
        Next
```

```
    Next
    TextBox1.Text=str1
    TextBox2.Text=max
End Sub
```

程序启动运行后，单击"开始计算"按钮，首先弹出图 6-7 所示的输入对话框，在该对话框中输入数组行列数 5 后，单击"确定"按钮，显示效果如图 6-8 所示。

图 6-7 数组行列数输入框

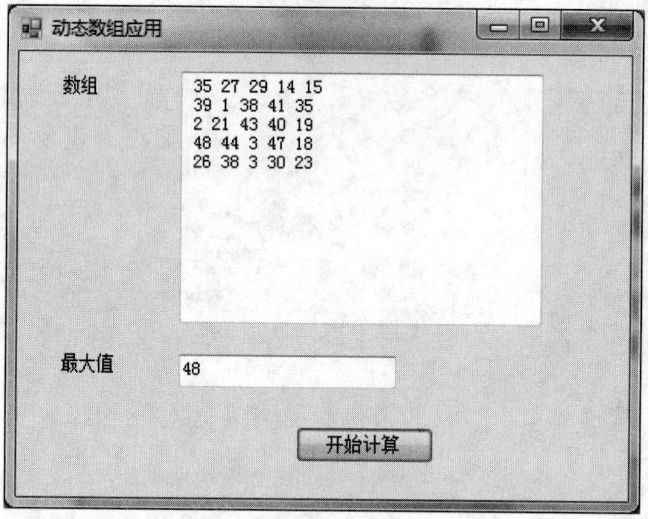

图 6-8 运行效果图

【实例 6-7】编写程序，为二维数组 A(4,4)赋值，之后将数组增加一列，并将各行元素值之和放在所增加列的对应元素上。

题目首先要求定义的数组是 5 行 5 列的，而且要求在将数组增加一列后将各行元素值之和放在该列上，这就要求在改变数组大小时保留原始数组的数据，那么在使用 Redim 语句时就需要使用 Preserve 来保留数组中的数据。

具体实现代码如下：

```vb
Private Sub Button1_Click(sender As Object, e As EventArgs) Handles Button1.Click
    Dim i, j As Integer
    Dim a(4, 4) As Integer
    Dim str1 As String="", str2 As String=""
    '使用双重循环为数组赋值,并将数组元素连接到变量str1中
    For i=0 To 4
        For j=0 To 4
            a(i, j)=Int(Rnd()*10)
            str1=str1 & Str(a(i, j))
        Next
        str1=str1 & vbCrLf
    Next
    '重新定义数组并保留原有数据
    ReDim Preserve a(4, 5)
    '使用双重循环将每行元素的和值放到新增的行尾元素中
    For i=0 To 4
        For j=0 To 4
            a(i, 5)=a(i, 5)+a(i, j)
        Next
    Next
    '将结果数组放到变量str2中
    For i=0 To 4
        For j=0 To 5
            str2=str2 & Str(a(i, j))
        Next
        str2=str2 & vbCrLf
    Next
    '输出结果
    TextBox1.Text=str1
    TextBox2.Text=str2
End Sub
```

程序启动运行后，单击"计算"按钮，运行效果如图6-9所示。

图 6-9 运行效果图

【实例 6-8】定义一个包含员工基本信息（姓名，性别，年龄，部门、电话）的结构数组，为数组各个元素赋值后显示各个员工的各项信息，并统计所有员工的平均年龄。

题目要求定义一个结构数组，而且数组的长度不确定，所以应将该结构数组定义为动态结构数组。在为结构数组元素赋值时，需要分别为结构数组元素的每个成员赋值，而不能把结构数组元素作为一个整体直接赋值。

具体实现代码如下：

```
'在模块的声明部分首先定义结构employee
Private Structure employee
    Dim name As String
    Dim sex As String
    Dim age As Integer
    Dim dept As String
    Dim tel As String
End Structure
Private Sub Button1_Click(sender As Object, e As EventArgs) Handles Button1.Click
    Dim N, i As Integer
    Dim employees() As employee
    Dim avg As Single=0
    Dim str1 As String=""
    N=InputBox("请输入员工数")
    ReDim employees(N-1)
    str1=str1 & "姓名 性别 年龄 部门  电话" & vbCrLf
    For i=0 To N-1
```

```
        employees(i).name=InputBox("请输入第" & i+1 & "个员工姓名")
        employees(i).sex=InputBox("请输入第" & i+1 & "个员工性别")
        employees(i).age=InputBox("请输入第" & i+1 & "个员工年龄")
        employees(i).dept=InputBox("请输入第" & i+1 & "个员工部门")
        employees(i).tel=InputBox("请输入第" & i+1 & "个员工电话")
        avg=avg+employees(i).age    '计算总年龄
        str1=str1 & employees(i).name & " " & employees(i).sex & "  " & _
            employees(i).age & "  " & employees(i).dept & " " & _
            employees(i).tel & vbCrLf
    Next
    avg=avg/N  '计算平均年龄
    TextBox1.Text=str1
    TextBox2.Text=avg
End Sub
```

程序启动运行后，单击"开始"按钮，首先弹出图 6-10 所示的输入对话框，在该对话框中输入员工数 3 后，单击"确定"按钮，将会依次弹出要求输入各个员工信息的对话框，输入完成后，显示效果如图 6-11 所示。

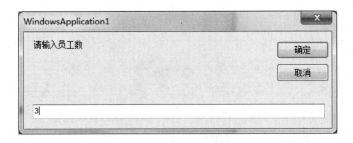

图 6-10　员工人数输入框

图 6-11　运行效果图

【实例 6-9】 要求在 TextBox 文本框中输入一个英文句子后完成如下操作：

（1）分析并显示 TextBox 控件中输入的英文句子中含有几个字母"a"。

（2）若英文句子用"."号结束，英文单词间用空格字符和逗号字符作为分隔字符，分析并显示 TextBox 中输入的英文句子中含有几个英文单词。

方法 1 的参考程序如下：

```
rivate Sub Button1_Click(sender As Object, e As EventArgs) Handles Button1.Click
    Dim str1, str2, str3() As String
    Dim n, t1, i, k As Integer
    Dim cha As Char
    str1=TextBox1.Text
    str2="" : k=0
    n=Len(str1)
    '分析并显示 TextBox 控件中输入的英文句子中含有几个字母"a"
    For i=1 To n
        If Mid(str1, i, 1)="a" Then
            t1=t1+1
        End If
    Next
    MsgBox("共含有" & Str(t1) & "个字母 a")
    ' 分析并显示 TextBox 控件中输入的英文句子中含有几个英文单词
    ReDim str3(n-1)
    For i=1 To n
        cha=Mid(str1, i, 1)           '记录每一个字母
        If cha<>"." Then              '只分析一句英语句子中的单词个数
            If cha<>" " And cha<>"," Then    '如果不是分隔符,则连接
                str2=str2 & cha       'str2 代表一个单词
            Else                      '否则完成一个单词的判断,写入 str3 数组
                If str2<>"" Then
                    str3(k)=str2
                    k=k+1
                    str2=""
                End If
            End If
        Else
'如果是结束符,还需判断前一个分隔符与结束符之间是否有字符,即(,.)或(,aa.)
            If str2<>"" Then
```

```
            str3(k)=str2
            k=k+1
            str2=""
        End If
        Exit For
    End If
  Next
  MsgBox("共有" & Str(k) & "个单词")
End Sub
```

方法 2 为对方法 1 进行改进，代码如下：

```
Private Sub Button2_Click(sender As Object, e As EventArgs) Handles Button2.Click
    Dim str1, str2, str3() As String
    Dim n, t1, i, k As Integer
    Dim cha As Char
    str1=TextBox1.Text
    str2="" : k=0
    n=Len(str1)
    ReDim str3(n-1)
    For i=1 To n
        If Mid(str1, i, 1)="a" Then
            t1=t1+1
        End If
        cha=Mid(str1, i, 1)
        Select Case cha
            Case "."
                If str2<>"" Then
                    str3(k)=str2
                    k=k+1
                    str2=""
                End If
                Exit For
            Case " ", ","
                If str2<>"" Then
                    str3(k)=str2
                    k=k+1
                    str2=""
```

```
                End If
            Case Else
                str2=str2 & cha
        End Select
    Next
    MsgBox("共含有" & Str(t1) & "个字母a" & vbCrLf & "共有" & Str(k) & "个单词")
End Sub
```

五、实验作业

【作业 6-1】 编写程序，定义长度为 20 的一维数组，用于存储 20 个学生两门课程的成绩，存储情况如图 6-12 所示，请计算每门课程的平均成绩以及每个学生的平均成绩。

第1个学生第1门课程成绩	第1个学生第2门课程成绩	第2个学生第1门课程成绩	第2个学生第2门课程成绩	…	…	第20个学生第1门课程成绩	第20个学生第2门课程成绩

图 6-12 数组存储情况图

【作业 6-2】 编写程序，产生 50 个 0～99 之间的随机整数，统计各数值段（0～9,10～19，20～29，…，80～89，90～99）有多少个数并输出。

> 提示：可以定义一个一维数组来分别存储各数值段的数值个数。

【作业 6-3】 修改【实例 6-3】的内容，要求每个商场再增加两个品牌的冰箱，冰箱价格也做对应的修改，然后重新计算各商场的商品营业额。

【作业 6-4】 设有以下两组数据：

A：87，97，96，45，23，65，78，50

B：21，32，54，36，47，37，38，55

编写程序，把上面两组数据分别赋给两个数组，然后把两个数组中对应下标的元素相加，并把相应结果放入第三个数组 C，输出这三个数组，并求第三个数组 C 中个位数字是偶数的个数。

【作业 6-5】 使用随机函数初始化一个具有 16 个元素的一维数组，使其值在 0～120 之间，输出这 16 个数组元素，每行输出 4 个。求该数组中的最大值并输出该值。

【作业 6-6】 编写程序，利用随机函数为二维数组 A(6,6)赋值，计算并输出数组中各行元素的最大值。

【作业6-7】编写程序，求二维数组 A 的上三角各元素的平方根的和（即先对上三角各元素求平方根，然后再对平方根求和）。上三角的含义：左上部分（包含对角线元素），如下二维数组的 0 元素区域即为上三角。

0	0	0	0	0
0	0	0	0	7
0	0	0	3	8
0	0	5	9	3
0	2	4	6	7

数组 A 的数据如下：

15	45	56	73	11
34	74	85	54	70
56	98	56	89	67
98	54	83	12	59
77	87	74	48	33

【作业6-8】编写程序，求数值型二维数组 A 所有元素的最大值（保留 3 位小数）。A 数组的数据如下：

11，52，56，67，25
45，89，54，69，89
96，63，68，79，86
98，65，63，85，78

【作业6-9】编写程序，求二维数组 A 的数组元素中的奇数元素的平方根的和（即先对元素中的奇数求平方根，然后再对平方根求和）。数组 A 的数据如下：

23	45	56	73	34
34	74	85	54	764
56	98	56	89	67
98	54	83	12	59
98	87	74	48	62

【作业6-10】设计图 6-13 所示的用户界面，编写代码实现动态数组的赋值。当"数组维数"文本框中的值为 1 时，实现一维动态数组的赋值，并显示在"数组内容"文本框中。当"数组维数"文本框中的值为 2 时，实现二维动态数组的赋值，并显示在"数组内容"文本框中。当"数组维数"文本框中的值为其他时，显示图 6-14 所示的提示信息框。

图 6-13　初始界面　　　　　　　　　图 6-14　提示消息框

【作业 6-11】 修改实例 6-7 的内容，要求将数组各行元素的最大值放在新增列的对应元素上。

【作业 6-12】 定义包含学生信息（姓名、年龄、电话号码和分数）的结构体类型。编写程序，实现单击"赋值"按钮能够对包含 5 个学生各项信息的结构数组元素进行赋值，单击"显示"按钮将学生的姓名和成绩显示在列表框中，显示结果如图 6-15 所示。

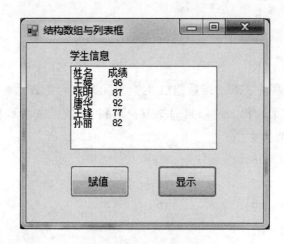

图 6-15　显示结果图

【作业 6-13】 数组 A 中存放 10 个四位十进制整数{1221,2234,2343,2323,2112,2224,8987,4567,4455,8877}，统计千位和十位之和与百位和个位之和相等的数据个数，并将满足条件的数据存入数组 B 中。

【作业 6-14】集合 array={12,45,69,7,10,89,70,24}，先将数据 100 追加在该集合中，请使用动态分配函数编程实现该过程。输出追加前后集合中的数据。

【作业 6-15】某集合中有 3 个整数，分别是：128，78，63。从键盘上输入 n（n>=1）个整数追加到该集合中。输出追加后该集合中的所有数据，并求该集合中大于平均值元素的和。

第7章 常用查找与排序算法

一、实验目的

- 熟练掌握常用的各种查找算法。
- 熟练掌握常用的各种排序算法。

二、实验时间

2学时。

三、实验预备知识

1．设计算法应遵循的特性

（1）有穷性。

（2）确定性。

（3）有效性。

（4）零或多个输入。

（5）一个或多个输出。

2．查找算法

（1）顺序查找算法。将数据置入一个数组中，从数组的第一个元素开始，依次取出各个数组元素与 X 比较，一旦相等就说明数组中存在数 X，查找过程就可以结束；若直到取出数组的最后一个元素还没有发现和 X 相等的数，则说明数组中不存在数 X。这种在全部查找范围内逐一比较的查找方法称为顺序查找算法。

（2）二分查找算法。若数据为有序排列（按从小到大的次序存放，或按从大到小的次序存放），则采用二分查找算法能显著提高查找效率。二分查找算法的思路描述如下：

① 假设已在数组 A(N)中存放了从小到大排列的 N 个数，而待查找的数字存放于变量 X 中。

② 初次查找区间为[1，N]，令 L=1，H=N（L 和 H 分别为待查找区间的下界和上界），则区间中点 M=(L+H)/2。

③ 若查找区间[L，H]存在，即 L≤H，则向下执行步骤④；否则说明所有区间已查找完毕，没有找到 X，输出查找失败。

④ 若 A(M)=X，则查找成功，输出 M 点位置，结束查找；若 A(M)>X，说明 X 可能存在于前半区间，则修改区间上界，令 H=M-1，即当前实际查找区间变更为[1，M-1]；若 A(M)<X，说明 X 可能存在于后半区间，则修改区间下界，令 L=M+1，即当前实际查找区间变更为[M+1，H]；再次求得新的区间中点 M=(L+H)/2。返回，继续执行步骤③。

3．排序算法

（1）选择排序算法。以从小到大排序为例，其基本思路是：首先在未排序序列中找到最小元素，存放到排序序列的起始位置；然后再从剩余未排序元素中继续寻找最小元素，然后再放到排序序列的末尾。依此类推，直到所有元素均排序完毕。

（2）冒泡排序算法。冒泡排序就是依次比较相邻两个元素，将小数放在前面，大数放在后面。过程描述如下：

① 将数列中的第 1 个元素与第 2 个元素进行比较，将小数放前，大数放后，然后比较第 2 个元素和第 3 个元素，依然是小数放前，大数放后……如此继续，直到比较最后两个数。这样经过第一趟排序之后，此时数列中最大的数将被排在最后的位置（即所谓的沉底）。

② 第 1 趟比较后，最大的数就被确定在了最后的位置，然后进行第二趟排序。依然是从头开始，比较第 1 个元素和第 2 个元素，将小数放前，大数放后……如此继续，直到比较到最后一个数的前边两个相邻的数，第 2 趟排序结束，此时在倒数第二个元素的位置上得到了数列中第二大的数。如此下去，直到最终完成排序。

从小到大排序时，最大的数一趟比较就将被交换到 A(N)的位置；从大到小排序时，最小的数一趟比较就将被交换到 A(N)的位置。若将排序趟数记录为 J，则第 J 趟比较的范围为 1~N－J。

③ 若 J=N－1，则已进行 N－1 趟比较，排序完成。

（3）插入排序算法。若数组 A 中 T 个数据已为有序存放，实现存入第 T+1 个数后数组中的数据仍符合原排列次序要求的算法，称为插入算法。仍以从小到大排序为例，插入算法可描述如下：

① 读入数 X。

② 若 X 值不是结束标志（因要实现连续插入多个数据并排序成功，所以必须约

定一个结束标志，比如当 X 输入为"888888"时，表示输入完毕），且 T 值小于数组下标取值的上界 M，则继续执行步骤③，否则转步骤⑥。

③ 将 X 和已有的数逐个进行比较，查找应插入存放数 X 的位置 K。

④ 将位置 K 腾空出来，即把从位置 K 到位置 T 间所存放的数据依次后移一位。

⑤ 将 X 放到位置 K，记录数组中有效数据个数的计数变量 T 增值 1。

⑥ 为观察插入运算结果，还需要输出插入 X 后的数组内容。

四、实验内容和要求

【实例 7-1】顺序查找算法的实例。

对于无序数列，查找时只能采用顺序查找算法，顺序查找算法简单，但执行效率较低。书中是对一维数组进行顺序查找，本实例将对一随机二维数组进行查找。

要求：随机生成一个二维数组，并在文本框中输入一个随机数，查找输入的随机数是否存在于这个随机生成的二维数组中，并给出相应的报告。

参考程序代码如下：

```
Dim a(,) As Integer     '定义数组 a 和数组元素个数 N 为窗体级变量
Private Sub Button1_Click(sender As Object, e As EventArgs) Handles Button1.Click
    '"生成原始数组"按钮,用于随机生成原始数组,并在TextBox1中输出
    Dim i, j, n, m As Integer
    Dim str1 As String
    str1=""
    n=6                      '用户自定义数组元素个数
    m=8
    ReDim a(n, m)            '根据 N,M 重新定义数组上界
    Randomize()
    For i=1 To n
        For j=1 To m
            a(i, j)=Int(Rnd()*100)
            str1=str1+Str(a(i, j))+" "
        Next
        str1=str1+vbCrLf
    Next
    TextBox1.Text=str1
End Sub
Private Sub Button2_Click(ByVal sender As System.Object, _
    ByVal e As System.EventArgs) Handles Button2.Click
```

```
' "查找结果"按钮,用顺序查找算法实现
Dim x, i, j, p As Integer
x=Val(TextBox2.Text)           '从TextBox2控件读入要查找的数X
p=0                            '设定一个找到与否的标志变量
For i=1 To UBound(a, 1)
    For j=1 To UBound(a, 2)
        If(a(i, j)=x) Then     '若某数组元素值和x值相同,退出循环
            MsgBox("在a(" & Str(i) & "," & Str(j) & ")" & " 元素的位置找到了" & Str(x))
            p=1
        End If
    Next
Next
If(p=0) Then                   '依据标志变量的值判断查找结果
    MsgBox("没有找到" & Str(x))
End If
End Sub
```

在本例中,原始数组 a 采用窗体级变量定义,其作用域包含本窗体的所有过程。如果在随机生成的二维数组中存在两个或者两个以上的相同的被查找数,则会分别给出报告,输出每一个被查找数所在的位置。

程序运行后,单击"生成原始数组"按钮,生成随机数序列,界面如图 7-1 所示。

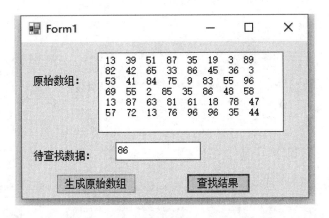

图 7-1 顺序查找算法执行界面

输入待查找的数"86"后,单击"查找结果"按钮,执行顺序查找算法,弹出图 7-2 所示的 MsgBox 消息框,返回查找结果,本例中存在两个被查找数,则分别给出报告。

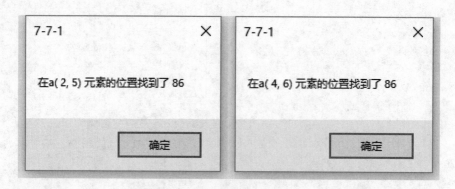

图 7-2　顺序查找算法执行结果消息框

【实例 7-2】二分查找算法的实例。

若数据为一维有序排列，可采用二分查找算法，能明显提高查找效率。

通过算法分析，设计二分查找算法的完整示例程序如下：

```
Dim N, a() As Integer         '定义数组 a 和数组元素个数 N 为窗体级变量
Private Sub Button1_Click(ByVal sender As System.Object, _
 ByVal e As System.EventArgs) Handles Button1.Click
  Dim i As Integer
    Dim str1 As String
    str1=""
    N=12
    ReDim a(N)
    Randomize()
    For i=1 To N
        a(i)=Int(Rnd()*10)+i*10        '生成有序数列
        str1=str1+Str(a(i))+" "
    Next
    Label2.Text=str1
End Sub
Private Sub Button2_Click(ByVal sender As System.Object, _
ByVal e As System.EventArgs) Handles Button2.Click
    ' "二分查找"按钮,用二分查找算法实现
    Dim L, H, M, X, K As Integer     '定义相关变量
    L=1
    H=N
    K=1                        '设定变量K的值表示查找状态,1表示还没有找到
    X=Val(TextBox1.Text)        '读入要查找的整数X
```

```
        While(L<=H) And(K=1)      '由于比较次数为未知,用当型循环控制查找过程
            M=(L+H)/2             '计算查找区间的中点位置
            If a(M)=X Then        '若存在X的值,设置结束循环的条件K值非1
                K=0
            Else
                If a(M)<X Then    '否则依据比较结果修改下次的查找区间
                    L=M+1
                Else
                    H=M-1
                End If
            End If
        End While
        '退出循环后,要依据退出循环的条件(L>H 或K<>1)判断是否找到了X
        If(K=1) Then
            'K=1成立,意味着上面循环是由L>H而退出的,即查找不成功
            MsgBox("没有找到" & Str(X))
        Else
            MsgBox("在第" & Str(M) & " 个元素的位置找到了" & Str(X))
        End If
    End Sub
```

应当提请注意的是,在本例中用变量 K 的不同取值 0 和 1 来表示查找的状态,即先为变量 K 赋值 1,表示"尚未找到数 X",一旦找到了数 X,则把 K 赋值为 0。把这类表示某种程序运行状态的变量称为标志变量。合理使用标志变量控制程序的执行流程,是常用的编程技巧之一,当然读者也可以使用 Boolean 型变量来作为查找标志。

二分查找算法因为每一轮查找的区间减半,所以其算法复杂度为(log(N))。

> **思考**:实例 7-2 的内容中,已知有序数组改为降序排列的话,程序需要做哪些改变?请编写出代码并上机验证。

【实例 7-3】 选择排序算法的实例。

编写程序,实现选择排序算法。

分析:选择排序算法是基于顺序查找算法的一种排序算法,用两个数的比较和交换来实现排序。以从小到大排序为例,其基本思路是:先将第一个位置的数据确定,即通过第一个数和后面的所有数据比较,若后面的数据小于第一个数,则进行交换,

一趟比较后将最小数交换到了第一个位置；再用此方法逐步确定第二个数、第三个数，直到第 N-1 个数；则整个数列即排成了从小到大的序列。

程序界面设计如图 7-3 所示，"生成原始数组"按钮用于生成原始随机数组 a，并在 Label1 中显示输出，其代码同实例 7-2 中的 Button1.Click 事件。选择排序算法使用通用过程 xz_sort 实现，"选择法排序"按钮实现调用通用过程，并将排序后数组在 Label2 中输出的操作。

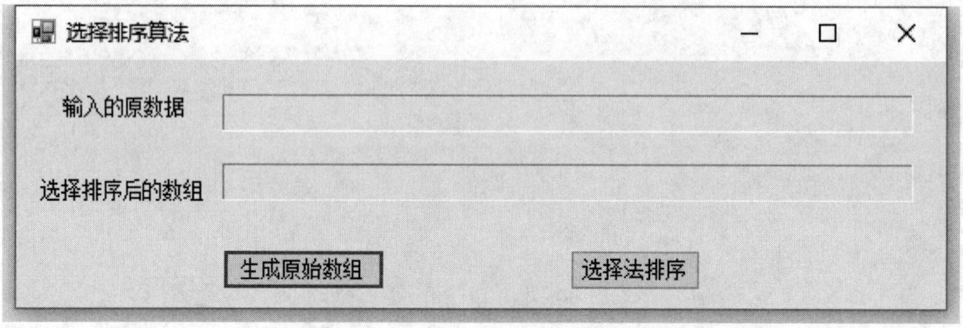

图 7-3 选择排序算法界面设计

xz_sort 过程代码如下：

```
Sub xz_sort()
    Dim i, t As Integer
    For i=1 To N-1                '外层循环控制查找第 i+1 个最小数并放置到 i 位置
        For j=i+1 To N            '内层循环控制第 i+1 个最小数的查找过程
            If a(i)>a(j) Then     '若第 j+1 个数比第 i+1 个数小，则交换它们的位置
                t=a(i)            '交换 a(i) 和 a(j)
                a(i)=a(j)
                a(j)=t
            End If
        Next
    Next
End Sub
```

"选择法排序"按钮代码如下：

```
Private Sub Button2_Click(ByVal sender As System.Object, _
ByVal e As System.EventArgs) Handles Button2.Click
    Dim i As Integer
    Dim str2 As String
```

```
        xz_sort()                    '调用选择排序算法
        str2=""
        For i=1 To N
            str2=str2+Str(a(i))+" "
        Next
        Label2.Text=str2
End Sub
```

程序运行后,效果如图 7-4 所示,对原随机数组成功实现了排序。

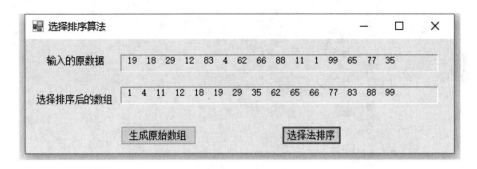

图 7-4 选择排序算法运行结果

若要使用冒泡排序算法或其他排序算法,则仅修改通用过程 xz_sort 即可。

【实例 7-4】冒泡排序算法的实例。

编写程序,实现冒泡排序算法。

冒泡排序算法的通用过程如下所示:

```
Sub bubbling_sort()          '冒泡排序算法
    Dim i, J, t As Integer
    For J=1 To N-1
        For i=1 To N-J
            If a(i)>a(i+1) Then
                t=a(i)
                a(i)=a(i+1)
                a(i+1)=t
            End If
        Next
    Next
End Sub
```

改进后的冒泡排序算法通用过程示例如下：

```
Sub bubbling1_sort()                '改进的冒泡排序算法
    Dim i, J, t, P As Integer
    P=1                             '交换标志,初始为1,保证进入循环
    J=1
    While(P=1) And(J<=N-1)
        '上次有交换发生并且没有比较完毕则进入下一趟比较
        '若上一趟无交换发生,即 P=0,则不再进行下一趟比较
        P=0                         '每趟比较之初,先假设本趟无交换发生
        For i=1 To N-J
            If a(i)>a(i+1) Then
                t=a(i)
                a(i)=a(i+1)
                a(i+1)=t
                P=1                 '有交换发生时,置标志 P 为 1
            End If
        Next
    End While
End Sub
```

结合选择排序算法中的"生成原始数组"按钮示例程序,结合"冒泡排序算法通用过程"或者"改进后的冒泡排序算法通用过程",完成完整的冒泡排序算法。请同学们上机实践,认真体会各种算法间的差别。

【实例 7-5】插入排序算法的实例。

插入排序：输入若干个数据,实现边输入边排序（数据输入以 888 888 作为结束标志）。

分析：数据输入用 InputBox()函数,如图 7-5 所示,窗体界面上需设置两个 TextBox,分别用来显示排序前的和排序后的数据。

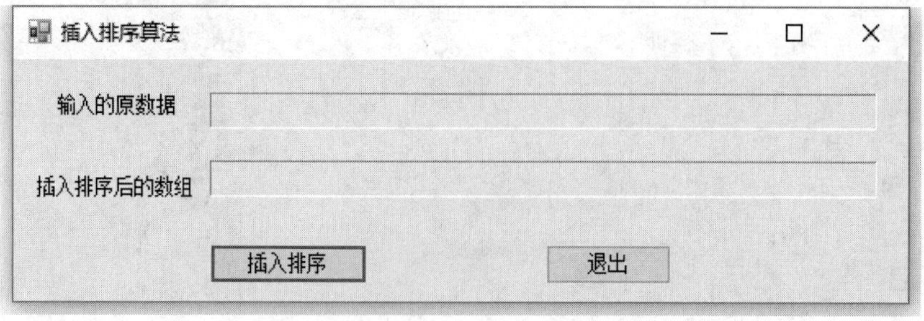

图 7-5 插入排序界面设计

程序运行时，单击"插入排序"按钮（Button1），将循环调用 InputBox()函数来输入数据，直至输入"888888"为止。用 Do 循环实现边输入边把数据记录在 Label1 中，同时进行插入排序操作的功能，全部输入完毕后，将排序后的序列在 Label2 中输出。

"插入排序"按钮事件代码如下：

```
Private Sub Button1_Click(ByVal sender As System.Object, _
    ByVal e As System.EventArgs) Handles Button1.Click
    Dim a(100), X, i, T, M As Integer
    Dim s As String
    s=""                '字符串用以排序后的数据序列输出
    T=0                 'T为数组中有效数据个数
    M=100               'M为数组上界,程序中限定有效元素个数T不能超过数组上界
    X=InputBox("Please Input X:")
    '输入第一个元素,以此为原始数组开始插入排序
    Do While(X<>888888) And(T<M)
        '用循环实现连续输入,同时插入排序
        T=T+1                           '数组有效数据个数计数器T加1
        For i=T-1 To 1 Step-1
            '从已有数据的尾部开始查找插入位置
            If X<a(i) Then
                a(i+1)=a(i)             '边查找,边进行数据的移位操作
            Else
                Exit For                '找到了插入位置,则结束循环
            End If
        Next i
        Label2.Text=Label2.Text+Str(X)
        a(i+1)=X                        '将X存入找到的插入位置i+1上
        X=InputBox("Please Input X:")   '继续输入下一个数据
    Loop
    If T>=M Then
        MsgBox("已达到数组上界！")
    Else
        MsgBox("数据输入完毕,插入排序完成！")
    End If
    For i=1 To T
        s=s+Str(a(i))+" "
    Next
    Label4.Text=s
End Sub
```

五、实验作业

【作业 7-1】找出一个 n×m 二维数组中的"鞍点"。所谓"鞍点"是指在本行中最大,在本列中最小的值,当然也可能找不到鞍点。输出鞍点的值以及行列号,如果没有找到鞍点,输出"无"。

【作业 7-2】一维数组的应用。能完成自动生成数组数据,对数据进行排序、插入和删除操作。界面设计如图 7-6 所示。自行设计程序,完成上述功能,将运行结果显示在图片框中。

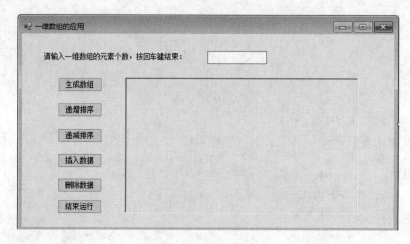

图 7-6　界面设计

(1)数组的元素个数 N 是在程序运行后,由用户在文本框中输入,数组元素的值用随机函数自动生成。

(2)程序运行时,使用键盘在文本框中输入数据。当按下【Enter】键后,若输入的值大于 1,则将值赋给 N,结束文本框事件;否则弹出一个"请重新输入一个大于 1 的元素个数!"的提示窗口,中断该事件。

(3)在元素个数输入正确后,单击各命令按钮控件,完成相应的操作,如单击"生成数组"按钮可自动生成 N 个元素的值;单击"递增排序"按钮可将 N 个元素从小到大重新排列等。

(4)在生成数组前不能进行排序、插入和删除操作。在生成数组后,可根据单击的命令按钮执行相应的操作,不规定操作顺序,如可先插入数据再排序,或先排序再删除等。

(5)插入数据时分为 3 种情况,若数组元素没有排序,则将数据插入在数组末尾;若已按递增顺序排序,则将数据按递增顺序插入在数组的相应位置;若已按递减顺序排列,则将数据按递减顺序插入在数组的相应位置。

(6)删除数据功能只能删除数组中第一个满足要求的数据。

第 8 章 过程与函数

一、实验目的

- 掌握通用过程和自定义函数过程的定义和调用方法。
- 掌握形参和实参的对应关系,掌握值传递和地址传递的传递方式。
- 掌握简单的递归算法。

二、实验时间

4 学时。

三、实验预备知识

在 Visual Basic.NET 中,过程是指可以由其他程序代码显式调用的代码块。过程将复杂的工程分为较小的代码块。

1. 事件过程

事件过程可以附加在窗体或控件上,分别称为窗体事件过程和控件事件过程。其定义的语法格式如下:

```
Private Sub 窗体名_事件名([参数列表])
    [局部变量和常数声明]
    语句块
End Sub
```

2. 通用过程 Sub

通用过程也称为自定义的 Sub 子过程,它可以完成一项指定的任务,起到共享代码的作用。通用过程不依赖于任何对象,也不是由对象的某个事件激活的,它只能由事件过程或别的过程来调用才能运行。

通用过程的结构与事件过程的结构类似。一般格式如下:

```
[Private | Public] Sub<过程名>([参数列表])
    [局部变量或常量等声明]
    语句块                      ⎫
    [Exit Sub]                  ⎬ 过程体
    [语句块]                    ⎭
End Sub
```

3. 函数过程 Function

函数过程与通用过程最根本的不同之处在于：通用过程没有返回值，可以作为独立的语句调用；而函数过程有一个返回值，通常出现在表达式中。

函数过程定义的格式如下：

```
[Private|Public] Function 函数名([参数列表])[As 数据类型]
    [语句块]
    [函数名=表达式]|[Return 表达式]
    [Exit Function]
[语句块]
End Function
```

4. 参数传递

（1）传值：按值传递使用的关键字是 ByVal（可以省略），是指通过传值的方式把实参的值传递给形参。

（2）传地址：按地址传递使用的关键字是 ByRef，又称按引用传递，就是当调用一个过程时，把实参变量的内存地址传递给被调过程对应的形参，即形参与实参使用相同地址的内存单元，如果在被调过程中改变了该形参的值，也就改变了相应实参变量的值。

5. 变量的作用域

（1）语句块级变量：语句块是一个程序段，它通常指的是一个控制结构，例如 For…Next、If…End If、DO…Loop、While…End While 等。在一个语句块中声明的变量称为语句块级变量，这类变量只能在所声明的语句块中使用，离开了本语句块将不能再使用。

（2）过程级变量（局部变量）：过程级变量是在过程（事件过程或通用过程）内声明的变量，也称局部变量，其作用域仅为定义它的过程，离开该过程，该变量将不能被使用。

（3）模块级变量：在 Visual Basic.NET 中，窗体类（Form）、类（Class）、标准模块（Module）都称为模块。

（4）全局变量：全局变量是在窗体模块、标准模块和类的所有过程外用关键字 Public 或 Shared 定义的变量，其作用域为整个程序。

6．递归过程

递归就是一个过程自己调用自己的现象。递归调用中，一个过程执行的某一步要用到它自身的上一步（或上几步）的结果。

7．形参和实参

形参是在 Sub、Function 过程的定义中出现在参数列表中的参数。在过程被调用之前，系统并未给形参分配内存，只是说明形参的类型和在过程中的作用。实参则是在调用 Sub 或 Function 过程时用到的常数、变量、表达式或数组。

四、实验内容和要求

【实例 8-1】用不同的参数传送方式调用过程的实例。

（1）写如下两个 Sub 过程：

```
Sub proc(ByVal s As String)
    s=s & "天龙八部"
    MsgBox("过程调用时,变量s的值为:" & s, , "传值调用")
End Sub
Sub proc1(ByRef s1 As String)
    s1=s1 & "天龙八部"
    MsgBox("过程调用时,变量s1的值为:" & s1, , "传地址调用")
End Sub
```

前一个过程中的参数带有 ByVal 关键字，通过传值方式调用；而后一个过程使用 ByRef 关键字，通过传地址方式调用。

（2）窗体上画两个命令按钮，并分别将其 Text 属性设为"传值"和"传地址"，然后编写如下事件过程：

```
Private Sub Button1_Click(sender As Object, e As EventArgs) Handles Button1.Click
    Dim s As String
    s="金庸:"
    MsgBox("过程调用前,变量s的值为:" & s, , "传值调用")
    proc(s)
    MsgBox("过程调用后,变量s的值为:" & s, , "传值调用")
End Sub
```

该过程通过传值方式调用过程 proc。

```
Private Sub Button1_Click(sender As Object, e As EventArgs) Handles Button1.Click
    Dim s As String
    s="金庸:"
    MsgBox("过程调用前,变量s的值为:" & s, , "传地址调用")
    proc1(s)
    MsgBox("过程调用后,变量s的值为:" & s, , "传地址调用")
End Sub
```

该过程通过传地址方式调用过程 proc1。

（3）程序运行后，先单击"传值"按钮，然后单击"传地址"按钮，结果如图 8-1 所示。

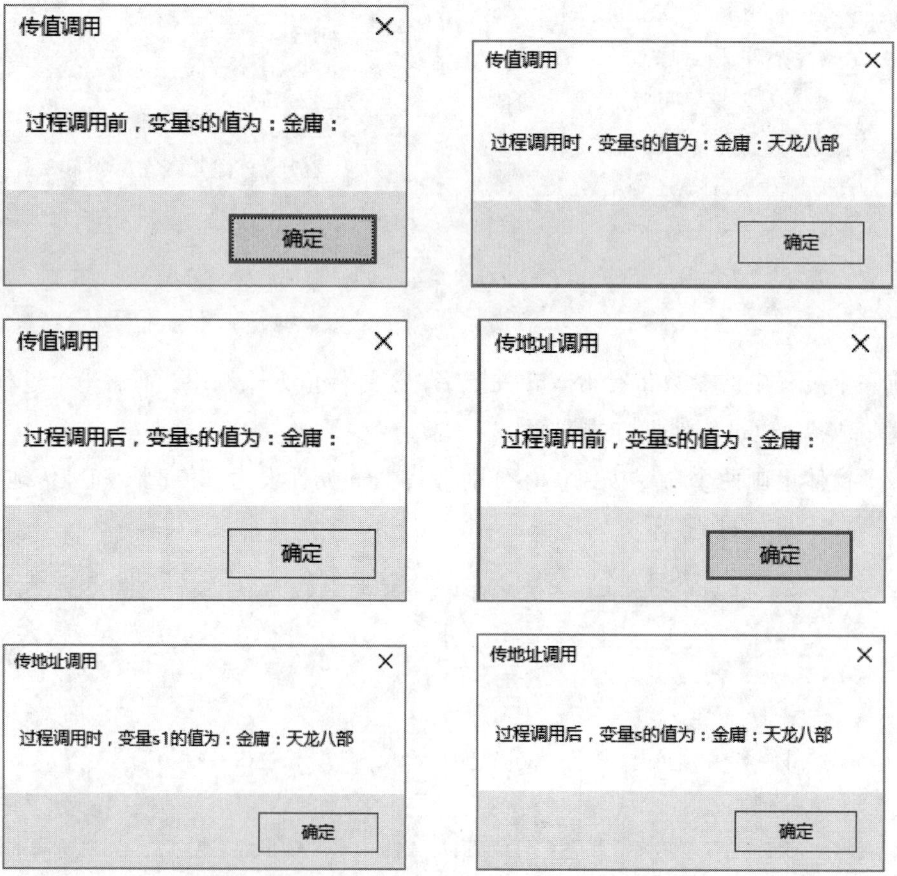

图 8-1 参数传送

【实例 8-2】编写程序,求下面级数中奇数项的部分和 OS,在求和时,以第一个大于 9 999 的奇数项为末项,计算并输出部分和 OS 与求和用到的奇数项总项数。要求:每一项的值要求用过程求出。

OS=1!+2!+3!+4!+……+n!+……

该例题涉及两个问题:

(1)用循环结构求级数和,理解 Do…Loop Until 和 Do While…Loop 等循环语句结束条件的不同,根据题目要求正确使用循环语句。

(2)本题目循环结束条件是以第一个大于 9 999 的奇数项为末项,包括该奇数项,求级数中奇数项的部分和 OS。

首先设计一个合理的用户界面,在窗体上加一按钮即可。

在代码窗口中,"对象框"选择"通用","事件栏"选择"声明"。自定义函数 Function f( )。程序清单如下:

```
Option Explicit On        '此行位于 Puplic Class Form1 之前,语句在模块级别中
                          '使用,强制显式声明模块中的所有变量
Dim j%
Function f(ByVal x%) As Double
    Dim sum#, t#, i%
    sum=0
    t=1
    i=1
    j=1
    Do
        sum=sum+t
        i=i+2
        t=t*(i-1)*i
        j=j+1
    Loop Until(t>x)
    f=sum+t
End Function
```

在 Button1_click()事件中编写的代码如下:

```
Sub Button1_Click(sender As Object, e As EventArgs) Handles Button1.Click
    Dim val, os As Double
    val=InputBox("输入结束条件值:")
```

```
    os=f(val)
    MsgBox("奇数项和为;" & Str(os) & " " & "共有奇数项:" & Str(j))
End Sub
```

在程序运行后,输入循环结束条件值 9 999,即可看到如图 8-2 所示的结果报告窗口。

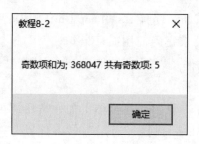

图 8-2　程序运行结果

请改变循环结束条件,或改变题目要求(如改为偶数项求和),观察计算结果的变化。

【**实例 8-3**】用随机数函数 Rnd() 生成一个 8 行 8 列的数组(各元素值在 100 以内),然后找出某个指定行内值最大的元素所在的列号。

(1)首先在窗体上放置一个 TextBox 和一个 Button,并分别将其 Text 属性设为""和"开始",并且需将 TextBox 的 Multiline 属性设为"True"。

(2)某一指定行中值最大的元素所在列号的操作通过一个 Function 过程来实现,代码如下:

```
Function max(ByVal b(,) As Integer, ByVal row As Integer)
    Dim m, i, col As Integer
    m=b(row, 0)
    col=0
    For i=1 To UBound(b, 2)
        If b(row, i)>m Then
            m=b(row, i)
            col=i
        End If
    Next i
    max=col
End Function
```

该过程有两个参数,其中第一个参数是数组,第二个参数是数组中指定行的行号。

在这个过程中,首先把指定行的第一列的值赋给一个变量,其列号为 0,然后把该值与其后各列的值进行比较。如果比该值大,则用较大的值取代,同时记下其列号。

(3)编写 Button 的 Click 事件过程,代码如下:

```
Private Sub Button1_Click(sender As Object, e As EventArgs) Handles Button1.Click
    Dim a(7,7) As Integer
    Dim i, j, row, col As Integer
    Dim s As String
    For i=0 To 7
        For j=0 To 7
            a(i,j)=Int(Rnd()*100)
        Next j
    Next i
    s="所生成的数组为:"+Chr(13)+Chr(10)
    For i=0 To 7
        For j=0 To 7
            s=s+Str(a(i, j))
        Next j
        s=s+Chr(13)+Chr(10)
    Next i
    Do
        row=InputBox("请输入指定的行号:")
    Loop Until row>=0 And row<=7
    col=max(a, row)
    s=s+"第"+Str(row)+"行中最大元素所在的列号:"+Str(col)
    TextBox1.Text=s
End Sub
```

该过程首先用随机数函数 Rnd()生成一个 8 行 8 列的数组,然后输入一个行号,程序将输出该行中最大值所在的列号。

(4)将上面的程序(主程序及过程)输入代码窗口,进行编辑、调试、运行,直至得到正确结果。程序运行后,单击窗体,在输入对话框中输入一个行号,程序将输出该行中值最大的元素所在的列号,如图 8-3 所示。

【实例 8-4】编写过程,求 1 000 以内的完数。如果一个整数的所有因子(包括 1,但不包括这个数本身)之和与该数相等,则称这个数为完数。编写一个函数 WS(x)判断 x 是否为完数,函数的返回值是逻辑型。主调程序在文本框中显示 1 000 以内的完数。运行结果如图 8-4 所示。

图 8-3　求数组某行中的最大元素所在的列号

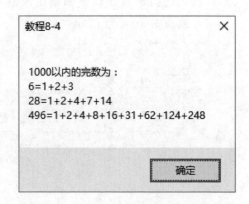

图 8-4　例 8-4 求 1 000 以内的完数

分析：判断一个数 x 是否为完数，算法思想是：将 x 除以 1~m/2，如果能够整除，就是 x 的因子，进行累加，循环结束时，若 x 与累加因子之和相等就是完数。

程序清单如下：

```
Function ws(ByVal x As Integer, ByRef s As String) As Boolean
    Dim i As Integer
    Dim sum As Integer
    s=""
    sum=0
    For i=1 To x\2
        If x Mod i=0 Then
            sum=sum+i
            s=s & i & "+"
        End If
    Next
    If sum=x Then
        ws=True
    Else
        ws=False
    End If
End Function
Private Sub Button1_Click(sender As Object, e As EventArgs) Handles Button1.Click
    Dim i As Integer
    Dim SS As String
    Dim s1 As String
```

```
        s1="1000 以内的完数为:" & vbCrLf
        For i=1 To 1000
            If ws(i, SS)=True Then
                s1=s1 & i & "=" & Mid(SS, 1, Len(SS)-1) & vbCrLf
            End If
        Next
        MsgBox(s1)
End Sub
```

【实例 8-5】编写程序，求 n 个自然数的最大公约数和最小公倍数，用递归过程实现。

求 n 个自然数的最大公约数的一般方法是：先求两个数的最大公约数，再求已经求出的最大公约数与下一个数的最大公约数……直到 n 个数为止。为了用递归的方法解决，可以这样来考虑问题：求 n 个自然数的最大公约数就是求前 n-1 个自然数的最大公约数与第 n 个自然数的最大公约数，而求前 n-1 个自然数的最大公约数就是求前 n-2 个自然数的最大公约数与第 n-1 个自然数的最大公约数……直到求出最前面两个自然数的最大公约数为止。下面程序中的 gcd2 是用欧几里得方法求两个数的最大公约数的过程，它使用了递归。gcdn 是用递归方法求 n 个自然数的最大公约数的过程，在该过程中调用 gcd2 过程。

我们把 n 个自然数放在一个一维数组中，求 n 个自然数最大公约数的操作用过程 gcdn 来实现，求 n 个自然数最小公倍数的操作用过程 zxgb 来实现。

（1）定义 gcd2 过程：

用该过程来实现求两个自然数 a,b 的最大公约数。

```
Function gcd2(ByVal a As Long, ByVal b As Long) As Integer
    If b=0 Then
        gcd2=a
    Else
        gcd2=gcd2(b, a Mod b)
    End If
End Function
```

（2）定义 gcdn 过程：

```
Sub gcdn(ByVal a() As Long, ByVal n As Long, ByRef gcd As Long)
    If n=2 Then
        gcd=gcd2(a(0), a(1))
    Else
        gcdn(a, n-1, gcd)
```

```
        gcd=gcd2(gcd, a(n-1))
    End If
End Sub
```

(3)定义 lcm 过程:

```
Sub zxgb(ByVal a() As Long, ByVal n As Long, ByRef lcm As Long)
    If n>=2 Then
        Call zxgb(a, n-1, lcm)
        lcm=lcm/gcd2(lcm, a(n-1))*a(n-1)
    Else
        lcm=a(0)
    End If
End Sub
```

该过程用递归方法求前 n-1 个自然数的最小公倍数,再求此最小公倍数与第 n 个自然数的最小公倍数。据此可以求出 n 个自然数的最小公倍数。

(4)编写 Button1 的事件处理程序:

```
Private Sub Button1_Click(sender As Object, e As EventArgs) Handles Button1.Click
    Dim n, gcd, lcm As Long
    Dim i As Integer
    Dim s As String
    Do
        n=InputBox("请输入自然数的个数")
    Loop Until n>1
    Dim a(n-1) As Long
    For i=0 To n-1
        a(i)=InputBox("请输入第" & i & "个自然数")
    Next i
    Call gcdn(a, n, gcd)
    Call zxgb(a, n, lcm)
    For i=0 To n-1
        s=s+Str(a(i))
    Next i
    s=s+"最大公约数是:" & gcd & Chr(13) & Chr(10)
    For i=0 To n-1
        s=s+Str(a(i))
    Next i
    s=s+"最小公倍数是:" & lcm
    MsgBox(s)
End Sub
```

该过程首先要输入自然数的个数,接着一个一个地输入每个数,然后调用 gcdn 和 zxgb 过程,分别求出最大公约数和最小公倍数。

(5)运行程序:

单击窗体,根据提示输入,即可输出最大公约数和最小公倍数。假定输入的 4 个自然数为 564,248,624,580,则结果如图 8-5 所示。

图 8-5 求最大公约数和最小公倍数

五、实验作业

【作业 8-1】求自然对数 e 的近似值,要求误差小于 0.000 01,近似公式为:

$$e=1+1/1!+1/2!+1/3!+\cdots+1/n!+\cdots$$

该例题涉及两个问题:

(1)用循环结构求级数和的问题。求级数和的项数和精度都是有限的,否则可能会造成溢出或死循环,本例根据某项值的精度来控制循环的结束与否。

(2)累加与连乘,这在程序设计中非常重要。累加是在原有的基础上一次加一个数,如 e=e+t。连乘是在原有积的基础上一次乘以一个数,如 n=n×i。为了保证程序的可靠,一般在循环体外对存放累加和的变量清零,对存放连乘积的变量置 1。

首先设计一个合理的用户界面,在窗体上加一按钮即可。

方法一:不使用过程,程序清单如下:

```
Private Sub Button1_Click(sender As Object, e As EventArgs) Handles Button1.Click
    Dim i%, n&, t!, x!
    Dim xps
    x=0         '存放累加的结果
    i=0         '计数器
    n=1         '存放阶乘的结果
    t=1         '第 1 项的值
```

```
        xps=InputBox("输入要求的精度:")        '程序结束的条件
        Do While t>xps
            x=x+t
            i=i+1
            n=n*i
            t=1/n
        Loop
        MsgBox("计算了" & Str(i) & " " & "项的和是" & Str(x))
    End Sub
```

方法二：使用过程，程序清单如下：

```
Function jiecheng(ByVal a As Integer) As Double
    Dim s As Double=1
    Dim i As Integer
    For i=1 To a
        s=s*i
    Next
    jiecheng=s
End Function

Private Sub Button1_Click(sender As Object, e As EventArgs) Handles Button1.Click
    Dim i%, t!, x!
    Dim xps
    x=0           '存放累加的结果
    i=0           '计数器
    t=1           '第1项的值
    xps=InputBox("输入要求的精度:")        '程序结束的条件
    Do While t>xps
        x=x+t
        i=i+1
        t=1/jiecheng(i)
    Loop
    MsgBox("计算了" & Str(i) & " " & "项的和是" & Str(x))
End Sub
```

【作业8-2】编写一个程序求多个数中的最大数，该程序应用求两数中的较大数函数过程来实现。

【作业 8-3】利用子程序的设计方法,求 5! + 6! + 7!值。

【作业 8-4】编写 Sub 过程,该过程利用 Rnd()函数产生 10 个随机数存放在数组 x 中,再按从大到小的顺序显示出来。

【作业 8-5】利用用户定义函数,编写求任意数字的立方数的函数,然后求出 1~20 的立方数。

【作业 8-6】利用用户定义函数求 a、b 两点间的距离 s,a、b 的值可以由用户任意输入。

【作业 8-7】编写一函数可以判断某一年份是否是闰年。

【作业 8-8】汉诺塔问题:传说印度教的主神梵天创造世界时,在印度北部贝拿勒斯圣里,安放了一块黄铜板,板上插着 3 根针,在其中一根针上自下而上放着由大到小的 64 个金盘。这就是所谓的梵塔(Hmni)。梵天要僧侣们坚持不懈地按照下面的规则把 64 个盘子移到另一根针上:

(1)一次只能移动一个盘子。

(2)盘子只许在 3 根针上存放

(3)永远不许大盘压小盘。

请编写程序给出移动的步骤。

【作业 8-9】有 10 个人坐在一起,问第 5 个人多少岁,他说比第 4 个人大 2 岁。问第 4 个人多少岁,他说比第 3 个人大 2 岁,第 2 个人比第一个人大 2 岁,最后问第一个人,他说自己 10 岁了。请编写程序算出第 5 个人的年龄。

第9章 文件

一、实验目的

- 掌握文件的概念，了解数据在文件中的存储方式。
- 掌握顺序文件的使用方法。
- 利用一维数组读取文件中的数据，并对数据进行简单的操作。

二、实验时间

2学时。

三、实验预备知识

1. 文件的基本概念

文件是指存储在外部介质上的数据的集合。通常情况下，计算机处理的大量数据都是以文件的形式存放在外部介质（如磁盘）上，操作系统也是以文件为单位对数据进行管理的。如果想访问存放在外部介质上的数据，必须先按文件名找到所指定的文件，然后再从该文件中读取数据。要向外部介质存储数据也必须先建立一个文件（以文件名标识），才能向它输出数据。

根据不同的标准，文件可分为不同的类型：根据数据性质，可分为程序文件和数据文件；根据数据的存取方式和结构，可分为顺序文件和随机文件；根据数据的编码方式，可以分为 ASCII 文件和二进制文件。

2. 顺序文件的操作方法

将数据写入顺序文件，通常有三个步骤：打开、写入和关闭。从顺序文件读数据到内存具有相似的步骤：打开、读出和关闭，只是打开文件函数 FileOpen( )中模式不同。

（1）读数据。

为了从顺序文件中读取数据，必须将文件用 Input 模式打开。如果文件不在当前的活动目录下，则必须提供完整的路径名。同时，还要给出程序中使用的文件标识符。为取得有效的标识符，可使用 Freefile( )函数，它将返回一个能被 Open 语句使用的文件标识符。如下列语句就可以为一个文件获得有效的标识符：

```
Dim filenumber As Integer
filenumber=FreeFile()
FileOpen(filenumber, "test.txt", OpenMode.Input)
```

Input 语句用来从文件中读取数据并把数据送给变量,其语法格式如下:

```
Input(Filenumber, Varlist)
```

参数 Filenumber 为所打开文件的标识符。Varlist 是用于接收从文件中读取数值的变量。变量不能是数值变量,也不可以是一个对象变量,但可以是用变量描述的数组元素或用户定义类型的元素。例如下列代码从文件 test.txt 读取数据到变量 m_data 中:

```
FileOpen(1, "test.txt", OpenMode.Input)
Input(1, m_data)
```

在读文件的时候,通常经过一轮循环,读出文件中的一个记录(即一组相关的数据)。为避免文件输入时出现"输入超出文件尾"的错误,采用 EOF 判断是否到了文件的末尾:格式如下:

```
EOF(文件标识符)
```

(2)写数据。

将数据写入磁盘文件使用的函数有 Print( )、PrintLine( )、Write( )或 WriteLine( )。这 4 个函数的格式相同,其格式如下:

```
Print(文件号, [表达式表])
PrintLine(文件号, [表达式表])
Write(文件号, [表达式表])
WriteLine(文件号, [表达式表])
```

文件号是在 FileOpen( )函数中所用的文件号,表达式表是要写入文件中的零个或多个用逗号分隔的表达式。其中可以包含 Spc(n)函数,用于在输出中插入空格字符,其中的 n 是要插入的空格字符数;也可以包含 Tab(n)函数,用于将插入点定位在某一绝对列号上,其中的 n 是列号,使用不带参数的 Tab 将插入点定位在下一打印区的起始位置。

(3)关闭文件。

当结束各种读/写操作以后,必须将文件关闭,否则会造成数据丢失等现象。因为实际上写操作都是将数据送到内存缓冲区,关闭文件时才将缓冲区中的数据全部写入磁盘文件。关闭文件所用的是 FileClose( )函数,其格式如下:

```
FileClose( [文件号][,文件号]…)
```

例如,FileClose(1, 2, 3)命令是关闭 1 号、2 号、3 号文件。

四、实验内容和要求

【实例 9-1】已知在正文文件 t1.dat 中,每个记录只有一个实数,其格式为:x.xxxxx,试把该文件中从第 100 个数开始(包括第 100 个数)的 225 个数依序按行读入到一个 15×15 的二维数组中,计算并向文件 t3.dat 中输出数组中上三角形元素值(含主对角线元素值)之和 S 与每列和数中的最大值 MX。

思路提示:根据顺序文件的特点,要读出第 100 个数,必须先读出前 99 个数。因此程序中先使用一个 For 循环执行 99 次读数据操作,尽管读出的数据没有参与任何运算,但却是要读出第 100 个数的必不可少的前提。

```vb
Private Sub Button1_Click(sender As Object, e As EventArgs) Handles Button1.Click
    Dim a(14, 14), s_col(14) As Double
    Dim i, j, n As Integer
    Dim s, mx, t As Double
    Dim str1 As String
    n=0
    FileOpen(1, "D:\file\t1.dat", OpenMode.Input)
    For i=1 To 99
        Input(1,t)        '先读出前 99 个数
    Next
    For i=0 To 14
        For j=0 To 14
            Input(1, a(i,j))    '从第 100 个数开始,按行赋给二维数组各元素
        Next j
    Next i
    FileClose(1)
    s=0
    For i=0 To 14
        For j=0 To 14
            If i<=j Then
                s=s+a(i,j)          '求上三角形元素值(含主对角线元素值)之和
            End If
        Next
    Next
    str1=""
    For i=0 To 14
        s_col(i)=0
        For j=0 To 14
```

```
            s_col(i)=s_col(i)+a(j, i)    '各列元素之和
        Next
        str1=str1+CStr(s_col(i))+Chr(13)+Chr(10)
    Next
    MsgBox(str1)
    mx=s_col(0)
    For i=0 To 14
        If mx<s_col(i) Then
            mx=s_col(i)                  '求各列元素之和的最大值
        End If
    Next
    MsgBox("数组中上三角形元素值〔含主对角线元素值〕之和 S="+Str(s))
    MsgBox("数组中每列和数中的最大值 MX="+Str(mx))
    FileOpen(2, "D:\file\t3.dat", OpenMode.Output)
    WriteLine(2, s)
    WriteLine(2, mx)
    FileClose(2)
End Sub
```

本例中使用 For 循环读数据是建立在数据文件不会到达文件结尾的基础上,即预先知道文件中的数据大于要读出的数据量,否则要使用 While 循环和 Eof( )函数来保证读操作不会超出文件结尾。

【实例 9-2】已知在正文文件 ch1.dat 中,每个记录的数据是一个由字母组成的字符个数不多于 10 个的字符串,如"absolute"。统计在该文件中只有 4 个字符的字符串的个数 n1 和字符串的最后一个字符是 f 的字符串的个数 n2,并将统计结果存入文本文件 t2.dat 中。

程序清单如下:

```
Private Sub Button1_Click(sender As Object, e As EventArgs) Handles Button1.Click
    Dim str1, str2 As String
    Dim n1, n2, i As Integer
    n1=0
    n2=0
    FileOpen(1, "D:\file\ch1.dat", OpenMode.Input)
    While Not EOF(1)             '当文件没达到结尾时,重复以下操作
        Input(1, str1)           '读出一个数据赋予字符型变量 str1
        i=Len(str1)              '求出 str1 的长度
        '若 str1 不是空串时,再进行是否满足题意的判断,否则回到循环开始
        If i<>0 Then
```

```
            If i=4 Then
                n1=n1+1                  '求只有 4 个字符的字符串的个数
            End If
            str2=Mid(str1, i, 1)         '取出每个字符串中最后一个字符
            If str2="f" Then
                n2=n2+1
            End If
        End If
    End While
    FileClose(1)
    MsgBox("在该文件中只有 4 个字符的字符串的个数 n1="+Str(n1))
    MsgBox("和字符串的最后一个字符是 f 的字符串的个数 n2="+Str(n2))
    FileOpen(2, "D:\file\t2.dat", OpenMode.Output)
    WriteLine(2, n1)
    WriteLine(2, n2)
    FileClose(2)
End Sub
```

【实例 9-3】 在文本文件 testf1.txt 中存放了 10 行数据，每行数据从第一个数开始，第一个数为不同商场的代号，其余三个数代表三类商品的营业额（万元）。编写程序，统计计算并向文件 t2.dat 输出各商场第一类商品的总营业额 sum 和该类商品在各商场的平均营业额 aver。

思路提示：在本程序用到的文件是顺序文件，读出数据时，应以每读出 4 个数据为一组，把其中的第二个数据（第一类商品的营业额）求和以最后求平均值，其他三个数据读出来之后不再做处理，其目的是为了能顺序读出所有的数据。

程序清单如下：

```
Private Sub Button1_Click(sender As Object, e As EventArgs) Handles Button1.Click
    Dim a, b, c, d, sum, aver As Single
    Dim n As Integer
    n=0 : sum=0
    FileOpen(1, "D:\file\testf1.txt", OpenMode.Input)   '打开源数据文件
    FileOpen(2, "D:\file\t2.dat", OpenMode.Output)      '打开目标数据文件
    '用到 EOF()函数,当文件没达到结尾时,每次读出四个数据,循环执行
    While Not EOF(1)
        Input(1, a)         '读出商场代号,赋予变量 a
        Input(1, b)         '读出第一类商品营业额,赋予变量 b
        Input(1, c)         '读出第二类商品营业额,赋予变量 c
        Input(1, d)         '读出第三类商品营业额,赋予变量 d
```

```
        sum=sum+b              '第一类商品营业额累加求和
        n=n+1                  '用于计数商场个数
    End While
    aver=sum/n                           '求出第一类商品平均营业额
    MsgBox("总营业额为:"+Str(sum)+Chr(10)+"平均营业额为:"+Str(aver))
    Write(2, sum, aver)        '写数据到2号文件
    FileClose(1, 2)            '关闭1,2号文件
End Sub
```

上面的程序是把每个数据当成单个的变量，一行数据对应4个变量a,b,c,d。也可以把一行看成是一个结构体，然后利用结构体对文件进行读操作。具体的结构体可定义如下：

```
Structure sc
    Dim scdh As Integer
    Dim yye1 As Single
    Dim yye2 As Single
    Dim yye3 As Single
End Structure
```

程序清单如下：

```
Private Sub Button1_Click(sender As Object, e As EventArgs) Handles Button1.Click
    Dim a(10) As sc
    Dim sum, aver As Single
    Dim i As Integer
    sum=0
    FileOpen(1, "D:\file\testf1.txt", OpenMode.Input)  '打开源数据文件
    FileOpen(2, "D:\file\t2.dat", OpenMode.Output)     '打开目标数据文件
    '因为已经知道文件中有10行数据,所以可以用for语句循环10次读出文件中的数据
    '到数组a中
    For i=1 To 10
        Input(1, a(i).scdh)
        Input(1, a(i).yye1)
        Input(1, a(i).yye2)
        Input(1, a(i).yye3)
    Next
    '求出第一类商品的营业额之和
    For i=1 To 10
        sum=sum+a(i).yye1
```

```
    Next
    aver=sum/10                              '求出第一类商品平均营业额
    MsgBox("总营业额为:"+Str(sum)+Chr(10)+"平均营业额为:"+Str(aver))
    Write(2, sum, aver)                      '写数据到2号文件
    FileClose(1, 2)                          '关闭1,2号文件
    End Sub
```

对本例进一步深入操作：在文件 testf1.txt 中，每行的数据都是数值型的（商场代号是整数，营业额是实数），可以用 input( )函数方便地把数据读出来。若对文件中的数据进行更改，把商场代号更换为商场名称（字符串的），即：

```
Structure sc
    Dim scdh As string
    Dim yye1 As Single
    Dim yye2 As Single
    Dim yye3 As Single
End Structure
```

则上面的程序就不能运行了。这是因为在读第一个数据 Input(1,a(i).scdh)时，系统会把本行后面的所有内容（3个营业额）也当成字符串的内容了，当需要读营业额1时 Input(1,a(i).yye1)，系统会把下一行的商场名称对应给 yye1，会出现如图9-1所示的错误提示。

图 9-1 读文件时类型不对应的错误提示

要解决此错误，需要把读商场名称的语句：

```
Input(1, a(i).scdh)
```

更换为：

```
a(i).scdh=InputString(1, 4)
```

用 InputString(1,4)读取商场名称，这里用到的"4"是因为假定数据文件中的商场名称是 4 个汉字，1 个汉字占 1 个长度，例：文化路店。完整的程序如下：

```
Private Sub Button1_Click(sender As Object, e As EventArgs) Handles Button1.Click
    Dim a(10) As sc
        Dim sum, aver As Single
    Dim i As Integer
    sum=0
    FileOpen(1, "D:\file\testf2.txt", OpenMode.Input)  '打开源数据文件
    FileOpen(2, "D:\file\t2.dat", OpenMode.Output)    '打开目标数据文件
    '因为已经知道文件中有 10 行数据，所以可以用 for 语句循环 10 次读出文件中的数据
    '到数组 a 中
    For i=1 To 10
        a(i).scdh=InputString(1, 4)
        Input(1, a(i).yye1)
        Input(1, a(i).yye2)
        Input(1, a(i).yye3)
    Next
    '求出第一类商品的营业额之和
    For i=1 To 10
        sum=sum+a(i).yye1
    Next
    aver=sum/10                         '求出第一类商品平均营业额
    MsgBox("总营业额为:"+Str(sum)+Chr(10)+"平均营业额为:"+Str(aver))
    Write(2, sum, aver)                 '写数据到 2 号文件
    FileClose(1, 2)                     '关闭 1,2 号文件
End Sub
```

【实例 9-4】编写程序，从数据文件 data1.dat 中读出数据，对数据进行排序，然后写入另一个数据文件 data2.dat。

为了显示运行情况，设计窗体界面如图 9-2 所示。

窗体上设计 3 个按钮控件：Botton1、Botton2 和 Botton3，其 Text 属性分别为"读文件"、"排序"和"写文件"，添加 2 个文本框控件：TextBox1 和 TextBox2，其 Multiline 属性均设置为 True，即多行显示输出文本。

源数据文件假设已用记事本输入完毕，且内容如图 9-3 所示，其中第一个数据表示数据个数，后面是要处理的数据。

Visual Basic.NET 程序设计技术实践教程

图 9-2 窗体设计

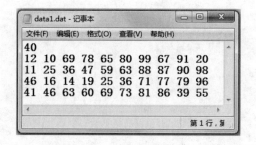

图 9-3 数据源文件

有关排序算法，我们在前面章节中已学过多种，本例应用冒泡排序算法。由于要对读入的多个数据进行排序，所以定义一个窗体级整型可变数组 arr_data()，用于读入数据，并进行排序，并且定义一个整型变量 n，用以存储要处理的数据个数。这两个变量应该在窗体模块中定义。

程序代码如下：

```
Dim arr_data() As Integer    '在窗体模块中定义可变数组
Dim n As Integer

Private Sub Button1_Click(sender As Object, e As EventArgs) Handles Button1.Click
    Dim i As Integer
    Dim str1 As String
    str1=""
    FileOpen(1, "d:\file\data1.dat", OpenMode.Input)
    Input(1, n)    '读出第一个数据,即数据个数,赋给窗体级变量 n
    ReDim arr_data(n-1)    '重定义可变数组上限为 n-1
    For i=0 To n-1    '逐个读出数据到数组元素中
        Input(1, arr_data(i))
        str1=str1+Str(arr_data(i))+" "
        If(i+1) Mod 10=0 Then str1=str1+Chr(13)+Chr(10)
        '将数组元素连接为 10 个一行的字符串
    Next
    TextBox1.Text=str1    '将原始数据在 TextBox1 中输出
    FileClose(1)
```

```vb
    End Sub

    Private Sub Button2_Click(sender As Object, e As EventArgs) Handles Button2.Click
        Dim i, j, temp, p As Integer
        Dim str2 As String
        str2=""
        p=1                             '冒泡排序
        While p=1
            p=0
            For i=0 To n-2
                If arr_data(i)>arr_data(i+1) Then
                    temp=arr_data(i)
                    arr_data(i)=arr_data(i+1)
                    arr_data(i+1)=temp
                    p=1
                End If
            Next
        End While
        For i=0 To n-1
            str2=str2+Str(arr_data(i))+" "
            If(i+1) Mod 10=0 Then str2=str2+Chr(13)+Chr(10)
        Next
        TextBox2.Text=str2              '将排序后数据在 TextBox2 中输出
    End Sub

    Private Sub Button3_Click(sender As Object, e As EventArgs) Handles Button3.Click
        Dim i As Integer
        FileOpen(2, "d:\file\data2.dat", OpenMode.Output)
        For i=0 To n-1                  '将排序后数据逐个写入 2 号文件
            If(i+1) Mod 5>0 Then        '每行 5 个数据
                Write(2, arr_data(i))
            Else
                WriteLine(2, arr_data(i))
            End If
        Next
        FileClose(2)
        MsgBox("排序后的数据已以每行 5 列的形式写入 data2.dat 文件！")
    End Sub
```

程序运行后,窗体上的输出情况如图 9-4 所示。

图 9-4　窗体输出

所写入数据的 data2.dat 文件中以每行 5 列形式存储,如图 9-5 所示。

图 9-5　输出文件

【实例 9-5】已知数据 in.txt 文件中,存放某班 10 位学生"大学英语"的成绩,请按以下要求完成数据的统计分析。

(1) 设置窗体及控件属性。将 Form1 窗体的标题文本修改为:专业班级姓名。添加 3 个文本框(TextBox1~TextBox3)和 3 个按钮(Button1~Button3,标题分别为"读出原始数据"、"排序后数据"和"输出统计结果"),如图 9-6 所示。

第9章 文 件

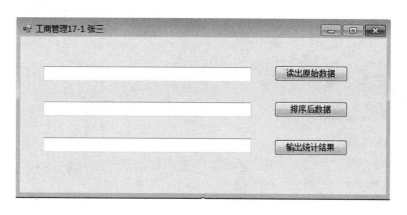

图 9-6　窗体设计

（2）编写 Button1 的单击事件过程，实现从文件中读出原始数据。程序运行后，单击"读出原始数据"按钮，则读出"in.txt"文件中的 10 个整数，放入一维数组 a 中（数组下界为 0），同时，将数组中的数据在 TextBox1 中显示出来。

（3）编写通用 sub 过程，实现对一维数组元素的选择排序。

```
Sub sort(ByRef a() As Integer)
            '一维数组元素的排序
End Sub
```

（4）编写 Button2 的单击事件过程，输出显示排序后数据。程序运行后，单击"排序后数据"按钮，需调用通用 sub 过程，实现对这 10 个整数按从小到大顺序排序，把排序后的结果显示在 TextBox2 中。

（5）编写 Function 过程，实现对一维数组元素的数据统计。

```
Function num(ByRef a() As Integer) as integer
            '统计成绩不及格人数
End Sub
```

（6）编写 Button3 的单击事件过程，输出统计结果。

程序运行后，单击"输出统计结果"按钮，将成绩不及格人数的统计结果，输出显示在文本框 TextBox3 中，同时写入文件"out.txt"中，该实例解答如下：

（1）项目窗体控件设置，验证文件为 Form1.Designer.vb。

```
<Global.Microsoft.VisualBasic.CompilerServices.DesignerGenerated()>_
Partial Class Form1
    Inherits System.Windows.Forms.Form

    'Form 重写 Dispose,以清理组件列表
```

```vb
<System.Diagnostics.DebuggerNonUserCode()>_
Protected Overrides Sub Dispose(ByVal disposing As Boolean)
    Try
        If disposing AndAlso components IsNot Nothing Then
            components.Dispose()
        End If
    Finally
        MyBase.Dispose(disposing)
    End Try
End Sub

'Windows 窗体设计器所必需的
Private components As System.ComponentModel.IContainer

'注意: 以下过程是 Windows 窗体设计器所必需的
'可以使用 Windows 窗体设计器修改它
'不要使用代码编辑器修改它
<System.Diagnostics.DebuggerStepThrough()>_
Private Sub InitializeComponent()
    Me.Button1=New System.Windows.Forms.Button()
    Me.Button2=New System.Windows.Forms.Button()
    Me.Button3=New System.Windows.Forms.Button()
    Me.TextBox1=New System.Windows.Forms.TextBox()
    Me.TextBox2=New System.Windows.Forms.TextBox()
    Me.TextBox3=New System.Windows.Forms.TextBox()
    Me.SuspendLayout()
    '
    'Button1
    '
    Me.Button1.Location=New System.Drawing.Point(376, 40)
    Me.Button1.Name="Button1"
    Me.Button1.Size=New System.Drawing.Size(109, 23)
    Me.Button1.TabIndex=0
    Me.Button1.Text="读出原始数据"
    Me.Button1.UseVisualStyleBackColor=True
    '
    'Button2
    '
    Me.Button2.Location=New System.Drawing.Point(376, 92)
    Me.Button2.Name="Button2"
```

```
Me.Button2.Size=New System.Drawing.Size(109, 23)
Me.Button2.TabIndex=1
Me.Button2.Text="排序后数据"
Me.Button2.UseVisualStyleBackColor=True
'
'Button3
'
Me.Button3.Location=New System.Drawing.Point(376, 147)
Me.Button3.Name="Button3"
Me.Button3.Size=New System.Drawing.Size(109, 23)
Me.Button3.TabIndex=2
Me.Button3.Text="输出统计结果"
Me.Button3.UseVisualStyleBackColor=True
'
'TextBox1
'
Me.TextBox1.Location=New System.Drawing.Point(34, 43)
Me.TextBox1.Name="TextBox1"
Me.TextBox1.Size=New System.Drawing.Size(308, 21)
Me.TextBox1.TabIndex=3
'
'TextBox2
'
Me.TextBox2.Location=New System.Drawing.Point(34, 94)
Me.TextBox2.Name="TextBox2"
Me.TextBox2.Size=New System.Drawing.Size(308, 21)
Me.TextBox2.TabIndex=4
'
'TextBox3
'
Me.TextBox3.Location=New System.Drawing.Point(34, 146)
Me.TextBox3.Name="TextBox3"
Me.TextBox3.Size=New System.Drawing.Size(308, 21)
Me.TextBox3.TabIndex=5
'
'Form1
'
Me.AutoScaleDimensions=New System.Drawing.SizeF(6.0!, 12.0!)
Me.AutoScaleMode=System.Windows.Forms.AutoScaleMode.Font
Me.ClientSize=New System.Drawing.Size(543, 226)
```

```
            Me.Controls.Add(Me.TextBox3)
            Me.Controls.Add(Me.TextBox2)
            Me.Controls.Add(Me.TextBox1)
            Me.Controls.Add(Me.Button3)
            Me.Controls.Add(Me.Button2)
            Me.Controls.Add(Me.Button1)
            Me.Name="Form1"
            Me.Text="工商管理17-1 张三"
            Me.ResumeLayout(False)
            Me.PerformLayout()

        End Sub
        Friend WithEvents Button1 As System.Windows.Forms.Button
        Friend WithEvents Button2 As System.Windows.Forms.Button
        Friend WithEvents Button3 As System.Windows.Forms.Button
        Friend WithEvents TextBox1 As System.Windows.Forms.TextBox
        Friend WithEvents TextBox2 As System.Windows.Forms.TextBox
        Friend WithEvents TextBox3 As System.Windows.Forms.TextBox

End Class
```

（2）程序代码实现，验证文件为 Form1.vb。

```
Public Class Form1

    Const N As Integer=10
    Dim a(n-1), i As Integer
'编写Button1的单击事件过程，实现从文件中读出原始数据
    Private Sub Button1_Click(sender As Object, e As EventArgs) Handles Button1.Click
        FileOpen(1, "in.txt", OpenMode.Input)
        TextBox1.clear()
        For i As Integer=0 To N-1
            Input(1, a(i))
            TextBox1.Text &=Str(a(i))
        Next i
        FileClose(1)
    End Sub
'编写通用sub过程，实现对一维数组元素的选择排序
    Sub sort(ByRef a() As Integer)
        '一维数组元素的排序
```

```vb
        Dim i, j, t As Integer
        For i=0 To n-2
            For j=i+1 To n-1
                If a(i)>a(j) Then
                    t=a(i)
                    a(i)=a(j)
                    a(j)=t
                End If
            Next
        Next
    End Sub
    '编写Button2的单击事件过程，输出显示排序后数据
    Private Sub Button2_Click(sender As Object, e As EventArgs) Handles Button2.Click
        Call sort(a)
        For i As Integer=0 To N-1
            TextBox2.Text &=Str(a(i))
        Next
    End Sub
    '编写Function过程，实现对一维数组元素的数据统计
    Function num(ByRef a() As Integer) As Object
        '统计成绩不及格人数
        Dim i, k As Integer
        K=0
        For i=0 To n-1
            If a(i)<60 Then
                k=k+1
            End If
        Next
        Return k
    End Function
    '编写Button3的单击事件过程，输出统计结果
    Private Sub Button3_Click(sender As Object, e As EventArgs) Handles Button3.Click
        TextBox3.Text=num(a)
        FileOpen(2, "out.txt", OpenMode.Output)
        WriteLine(2, "成绩不及格人数", num(a))
        FileClose()
    End Sub

End Class
```

五、实验作业

【作业 9-1】数据文件 intdata.dat 中存储了 10 个整型数据,将这 10 个整型数据中的偶数输出到 result.dat 中。

【作业 9-2】数据文件 intdata.dat 中存储了 10 个整型数据,将这 10 个整型数据读入到一个一维数组中,并将数组元素中能够被 2 整除但是不能被 3 整除的数据输出到 result.dat 中。

要求:使用通用函数 FUN( ) 判断一个整数是否能被 2 整除但是不能被 3 整除。

【作业 9-3】已知数据 score.txt 文件中,存放 10 位学生的"大学计算机"成绩,请按以下要求完成数据的统计分析。

(1) 设置窗体及控件。

在名称为 Form1 的窗体上建立 3 个文本框(名称为 TextBox1~TextBox3,Multiline 属性为 True,ScrollBars 属性为 Vertical)和 3 个命令按钮(名称分别为 Button1~Button3,标题分别为"从文件读出数据并显示"、"排序并显示"和"显示运算结果并保存至文件"),窗体标题文本修改为:"专业班级: 姓名: 学号: ",如图 9-7 所示。

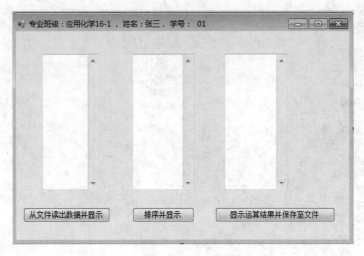

图 9-7 窗体设计

(2) 编写 Button1 的单击事件过程。

程序运行后,单击"从文件读出数据并显示"按钮,则读入"score.txt"文件中的 10 个整数,放入一个数组 a 中(数组下界为 0),同时,将数组中的数据在文本框 TextBox1 中显示出来。

（3）编写通用过程或函数，实现对一维数组元素的排序。

```
Sub paixu(ByRef a() As Integer)
        '一维数组元素的排序
End Sub
```

（4）编写 Button2 的单击事件过程。

程序运行后，单击"排序并显示"按钮，需调用通用过程，实现对这 10 个整数按从小到大的顺序排序，把排序后的全部数据在文本框 TextBox2 中显示出来。

（5）编写 Button3 的单击事件过程。

程序运行后，单击"显示运算结果并保存至文件"按钮，统计成绩不及格人数，把统计结果显示在文本框 TextBox3 中，同时统计结果存入文件"out.txt"中。

【作业 9-4】已知数据 num.txt 文件中，存放 10 个 3 位正整数，请按以下要求完成数据的统计分析。

（1）设置窗体及控件。

在名称为 Form1 的窗体上建立 3 个文本框（名称为 TextBox1~TextBox3，Multiline 属性为 True，ScrollBars 属性为 Vertical）和 3 个命令按钮（名称分别为 Button1~Button3，标题分别为"从文件读出数据并显示"、"排序并显示"和"显示运算结果并保存至文件"），窗体标题文本修改为："专业班级：　　姓名：　　学号：　　"，如图 9-8 所示。

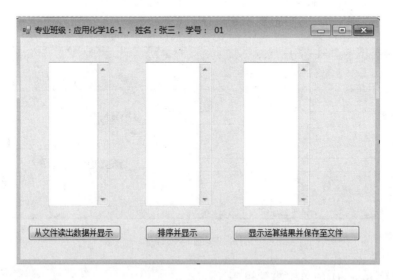

图 9-8　窗体设计

（2）编写 Button1 的单击事件过程。

程序运行后，单击"从文件读出数据并显示"按钮，则读入"num.txt"文件中的 10

个整数,放入一个数组 a 中(数组下界为 0),同时,将数组中的数据在文本框 TextBox1 中显示出来。

(3)编写通用过程或函数,实现对一维数组元素的排序。

```
Sub paixu(ByRef a() As Intege)
        '一维数组元素的排序
End Sub
```

(4)编写 Button2 的单击事件过程。

程序运行后,单击"排序并显示"按钮,需调用通用过程,实现对这 10 个整数按从大到小的顺序排序,把排序后的全部数据在文本框 TextBox2 中显示出来。

(5)编写 Button3 的单击事件过程。

程序运行后,单击"显示运算结果并保存至文件"按钮,找出其中能被 2 整除,同时各位数字之和也能被 2 整除的 3 位正整数,并把查找结果显示在文本框 TextBox3 中,同时把结果存入文件"out.txt"中。

【作业 9-5】已知数据 num.txt 文件中,存放 10 个 3 位正整数,请按以下要求完成数据的统计分析。

(1)设置窗体及控件。

在名称为 Form1 的窗体上建立 3 个文本框(名称为 TextBox1~TextBox3)和 3 个命令按钮(名称分别为 Button1~Button3,标题分别为"从文件读出数据并显示"、"移动并显示"和"显示运算结果并保存至文件"),窗体标题文本修改为:"专业班级:　　姓名:　　学号:　　",如图 9-9 所示。

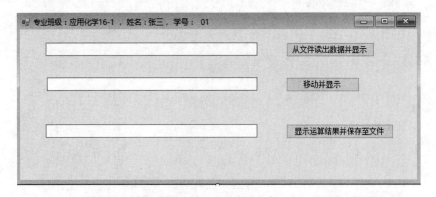

图 9-9　窗体设计

(2)编写 Button1 的单击事件过程。

程序运行后,单击"从文件读出数据并显示"按钮,则读入"num.txt"文件中的 10 个整数,放入一个数组 a 中(数组下界为 0),同时,将数组中的数据在文本框 TextBox1 中显示出来。

（3）编写通用过程或函数，实现对一维数组元素的**向前移动**。

```
Sub move(ByRef a() As Intege)
          '一维数组元素向前移动
End Sub
```

（4）编写 Button2 的单击事件过程。

程序运行后，单击"移动并显示"按钮，需调用通用过程，实现对这 10 个整数的**向前移动**，把移动后的全部数据在文本框 TextBox2 中显示出来。

（5）编写 Button3 的单击事件过程。

程序运行后，单击"显示运算结果并保存至文件"按钮，找出其中能被 2 整除，但各位数字之和不能被 2 整除的 3 位正整数，并把查找结果显示在文本框 TextBox3 中，同时把结果存入文件"out.txt"中。

【作业 9-6】已知数据文件 t1.txt 中有 20 个整型数据，设计如图 9-10 所示界面并编程实现以下功能。

图 9-10　界面设计

（1）从文件中读取数据存放在数组 a 中，并在 TextBox1 中显示出来。
50 94 84 93 15 72 92 73 79 10 86 90 53 35 93 47 72 32 64 71

（2）对数组 a 按照从大到小的顺序排序，并把排序后的数组放在 TextBox2 中显示出来。

（3）利用过程或函数判断数组 a 的元素是否是质数，然后把数组 a 的所有质数之和在 TextBox3 中显示并同时保存至数据文件 t2.txt 中。

【作业 9-7】已知数据 data.txt 文件中，存放有某班 32 位学生"程序设计技术（VB 语言）"的期末考试成绩，请按以下要求完成数据的统计分析。

（1）设置窗体及控件属性。将 Form1 窗体的标题文本修改为：专业班级姓名。添加 3 个文本框（TextBox1~TextBox3）和 3 个按钮（Button1~Button3，标题分别为"读出原始数据"、"排序后数据"和"输出统计结果"），如图 9-11 所示。

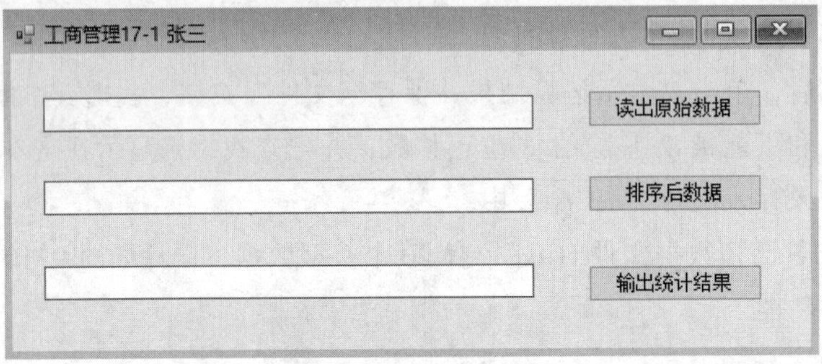

图 9-11　界面设计

（2）编写 Button1 的单击事件过程，实现从文件中读出原始数据。

程序运行后，单击"读出原始数据"按钮，则读出"data.txt"文件中的 32 个整数，放入一维数组 a 中（数组下界为 0），同时，将数组中的数据在 TextBox1 中显示出来。

（3）编写通用 sub 过程，实现对一维数组元素的排序。

```
Sub order(Byref a() As Integer)
          '一维数组元素的升序排序
End Sub
```

（4）编写 Button2 的单击事件过程，输出显示排序后数据。

程序运行后，单击"排序后数据"按钮，调用排序通用 sub 过程，把排序后的结果显示在 TextBox2 中。

（5）编写 Function 过程，统计该班最高成绩与最低成绩的差值。

```
Function Count(ByRef a() As Integer) as integer
          '统计该班最高成绩与最低成绩的差值
End function
```

（6）编写 Button3 的单击事件过程，输出统计结果。

程序运行后，单击"输出统计结果"按钮，将该班最高成绩与最低成绩的差值的统计结果，输出显示在文本框 TextBox3 中，同时写入文件"out.txt"中。

提高部分

第 10 章　Windows 高级界面设计

一、实验目的

- 掌握 VB.NET 较复杂控件的使用。
- 掌握复杂数据类型与控件的结合。
- 熟悉 Windows 简单程序的设计。

二、实验时间

2 学时。

三、实验预备知识

1．"菜单和工具栏"控件组设计

（1）菜单栏设计 MenuStrip 控件。

（2）弹出菜单 ContextMenuStrip 控件。

（3）工具栏 Toolstrip 控件。

（4）状态栏 StatusStrip 控件。

2．MDI 窗体

MDI 的属性、方法和事件。

3．容器类控件

（1）分组框控件 GroupBox。

（2）分组面板控件 Panel。

（3）选项卡控件 TabControl。

4．列表类控件

（1）ListBox 控件。

（2）CheckedListBox 控件。

（3）ComboBox 控件。

5．常用对话框设计

（1）打开文件对话框 OpenFileDialog 控件。

（2）保存文件对话框 SaveFileDialog 控件。

（3）颜色对话框 ColorDialog 控件。

（4）字体对话框 FontDialog 控件。

6．设计方法

对话框常用方法为 ShowDialog()方法。调用该方法后，将会出现对应的对话框。

四、实验内容和要求

【实例 10-1】设计学生信息管理系统主界面，包含主菜单、工具栏、状态栏。通过属性窗口分别修改其属性值，界面设计如图 10-1 所示。

图 10-1 学生信息管理系统主界面

"用户管理"菜单和"学生信息管理"菜单分别如图 10-2 和图 10-3 所示。

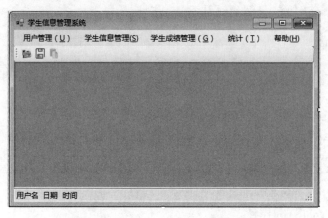

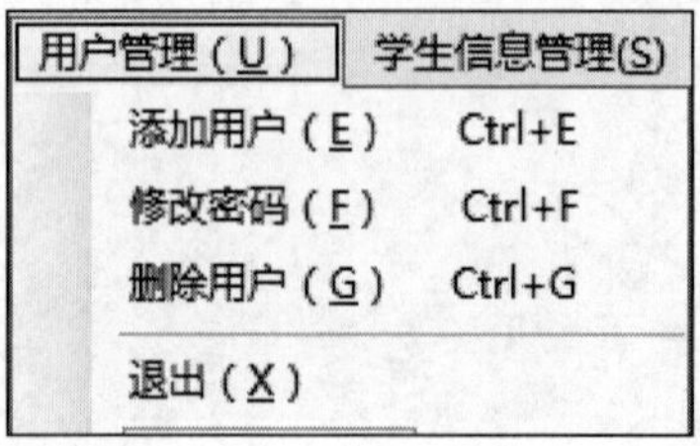

图 10-2 "用户管理"菜单 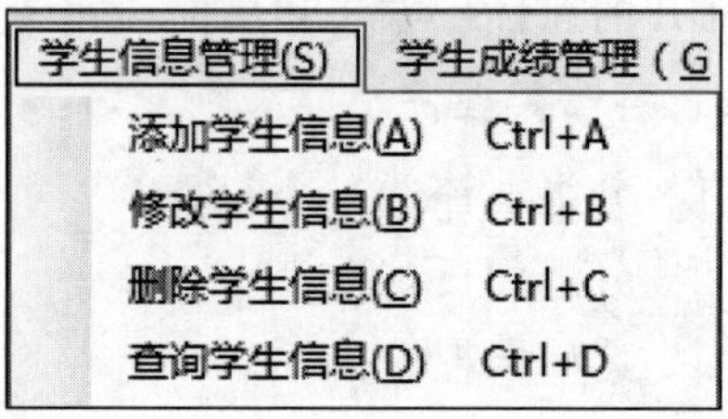   图 10-3 "学生信息管理"菜单

"学生成绩管理"菜单和"统计"菜单分别如图 10-4 和图 10-5 所示。

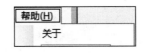

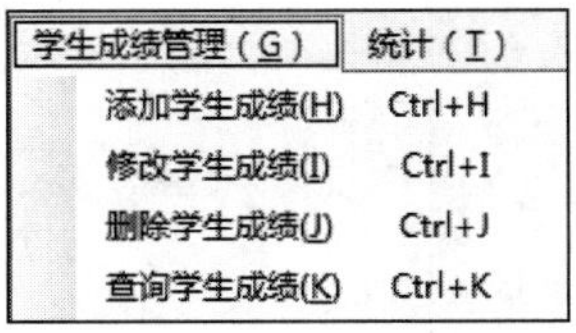

图 10-4　"学生成绩管理"菜单　　　　图 10-5　"统计"菜单

帮助菜单如图 10-6 所示。

图 10-6　帮助菜单

要求：按照所给图示设计主界面，制作菜单栏，设置快捷键；工具栏设置三个按钮并分别使用不同的图标，状态栏分成三部分，分别显示如果所示文字。

【实例 10-2】在实例 10-1 的基础上，制作添加学生信息窗体。

在项目中再添加一个 Windows 窗体 Form2，然后修改窗体标签为"添加学生信息"，在窗体上添加一个分组框，在分组框中添加 5 个标签、4 个文本框、2 个单选按钮和 2 个命令按钮。通过属性窗口分别修改其 Text 属性值，界面设计如图 10-7 所示。

图 10-7　实例 10-2 窗体界面

【实例 10-3】在实例 10-2 的基础上，制作查询学生信息窗体。

在项目中添加一个 Windows 窗体 Form3，然后修改窗体标签为"查询学生信息"，在窗体上添加一个 ComboBox 控件、一个分组框，在分组框中内容和实例 10-2 类似。通过属性窗口分别修改其 Text 属性值，界面设计如图 10-8 所示。

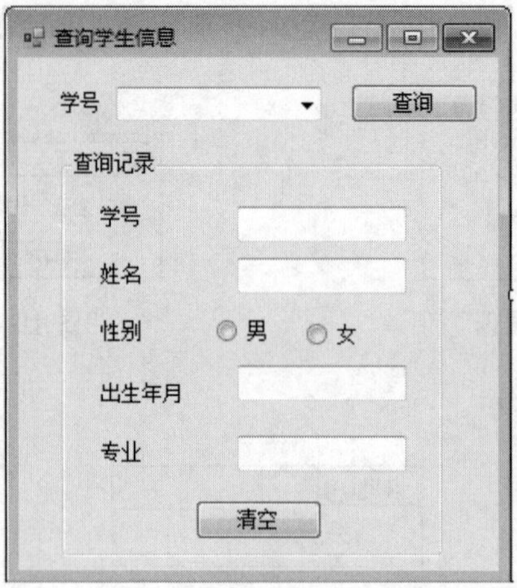

图 10-8 实例 10-3 窗体界面

根据要求，只需对菜单项"学生管理"中的"添加学生信息"和"查询学生信息"菜单项编写 Click 事件处理程序。分别显示相应的窗体。编写如下代码：

```
    Private Sub 添加学生信息AToolStripMenuItem_Click(sender As Object, e As EventArgs) Handles 添加学生信息AToolStripMenuItem.Click
        Form2.Show()
    End Sub

    Private Sub 查询学生信息DToolStripMenuItem_Click(sender As Object, e As EventArgs) Handles 查询学生信息DToolStripMenuItem.Click
        Form3.Show()
    End Sub
```

在上述代码编写完成后，要保存窗体和程序设计结果，可以选择工具栏上的"全部保存"按钮。文件保存后即可按【F5】键（或选择"调试"菜单的"启动"选项）运行程序。

五、实验作业

【作业】按照实例 10-1 所要求的内容，完成其余窗体的设计并编写相应窗体调用代码。

> 提示：系统运行的启动窗体为登录窗体，单击"确定"按钮后进入主窗体，选择不同的菜单项打开不同的窗体。"登录"窗体和"关于"窗体 VB.NET 中有相应的模板。

第 11 章　ADO.NET 数据库编程

一、实验目的

- 学习数据库连接的基本方法。
- 掌握 Visual Basic 2013 的工作环境 ADO.NET 的使用方法。
- 学习如何用 ADO.NET 连接数据库。
- 通过建立应用程序，掌握用 ADO.NET 连接数据库进行操作的一般步骤。
- 熟练掌握 SQL 语句的使用方法。
- 学习数据控件的使用方法。
- 学习数据库管理系统的设计和实现。

二、实验时间

6 学时。

三、实验准备知识

1. 关系数据库术语

（1）表。数据库包含一个或多个二维表，表是真正存放数据的地方，由行和列组成。

（2）记录。也就是在数据表中的行，它是关于一个特定人员或单位的所有信息。

（3）字段。也称属性，数据表中的每一列称作一个字段。

（4）关键字。是表中为快速检索所使用的字段，可以是唯一的，也可以有多个，每张表应至少有一个主关键字，主关键字用来唯一标识记录的属性，也称主键或主码，它是不允许重复的。

（5）域。字段的取值范围，如性别的域是（男，女）。

（6）关系。定义了两个表如何相互联系的方式。

2. 基本的 SQL 语句

（1）创建语句 Create。

格式：`Create Table <表名>`。

功能：创建一个新的数据库表。

（2）查询语句 Select。

格式：`Select 字段名列表 From <数据表> Where 筛选条件`。

功能：将数据表中符合筛选条件的字段取出来。

（3）删除语句 Delete。

格式：`Delete From <数据表> Where 条件`。

功能：删除符合条件的记录。

（4）更新语句 Update。

格式：`Update 数据表 Set 字段名1=新值，字段名2=新值…Where 条件`。

功能：将符合条件的记录的某些字段更新。

（5）插入语句 Insert Into。

格式：`Insert Into 数据表(字段一、字段二…)Values(字段新值)`。

功能：添加数据记录。

3．复杂 SQL 语句

（1）多表查询语句：

例：`Select 学生信息.学号，学生信息.姓名，学生成绩.大学英语 From 学生信息，学生成绩 Where 学生信息.学号=学生成绩.学号`。

功能：将学生信息表中的学号、学生信息表中的姓名和学生成绩表中的大学英语字段的值列出来，按照学号相等的行进行连接。

（2）汇总计算语句：

例如：`Select sum(大学英语)As 大学英语总分 From 学生成绩`。

功能：计算学生成绩表中大学英语字段的和并列表。

（3）交互查询：

查询内容通过控件输入。

例如：`sqlstr="Select * From 学生信息 Where 专业='公共管理'"`。

其中"公共管理"需要通过文本框或其他控件输入。应写为：

`sqlstr="Select * From 学生信息 Where 专业='" & TextBox1.Text & "'"`

这种 SQL 语句的构造方法，在 ADO.net 组件对数据库的操作中经常用到。

4．ADO.NET 核心对象

（1）Connection 对象：Connection 对象用来连接数据库，其属性如表 11-1 所示。

表 11-1 Connection 对象的属性

属　　性	说　　明
ConnectionString	创建 Open 方法连接数据库的字符串
ConnectionTimeout	建立连接时所等待的时间，值为 0 时连接会无限等待，默认值为 15 s。超过时间则会产生异常
Database	当前数据库或将要打开的数据库的名称
DataSource	获取数据库的位置和文件名
Provider	获取在连接字符串的 Provider 子句中所指定的提供程序的名称
State	显示当前 Connection 对象的状态，确定连接是打开还是关闭

Connection 对象常用的方法如表 11-2 所示。

表 11-2 Connection 对象常用的方法

方　　法	说　　明
Open	使用指定的 ConnectionString 属性值打开到一个数据库的连接
Close	关闭打开的数据库连接
Dispose	调用 Close 方法
CreateCommand	创建并返回一个与该连接并联的 Command 对象
ChangeDatabase	改变当前连接的数据库
BeginTransaction	开始一个数据库事务，允许指定事务的名称和隔离级
State	显示 Connection 对象的当前状态

Connection 对象的使用方法：

① 使用 ADO.NET 对象需要导入包 Data.OleDB，使用语句：`Imports System.Data.OleDb`。

② 定义一个 Connection 对象：`Dim myCon As OleDbConnection`。

③ 初始化 Connection 对象：`myCon = New OleDbConnection()`。

④ 设置连接字符串：`myCon.ConnectionString="Provider=Microsoft.ACE.OLEDB.12.0; Data_Source=D:\student.accdb"`。

⑤ 执行 Connection 对象的 Open()方法：`myCon.Open()`。

> 提示：以上代码实现了 Access 数据库的连接。

（2）Command 对象：Command 对象用来生成并执行 SQL 语句。Command 对象的常用属性如表 11-3 所示。

表 11-3 Command 对象的常用属性

属　性	说　明
CommandText	用来获取或设置要执行的 SQL 语句、数据表名、存储过程
CommandType	用来获取或设置一个指示解释 CommandText 属性的值
Connection	用来获取或设置 Command 对象的连接数据源
Connectionstring	用来获取或设置连接数据库时用到的连接字符串

（3）Command 对象的常用的方法如表 11-4 所示。

表 11-4 Command 对象的常用的方法

方　法	说　明
Cancel	用于取消 Command 执行过的操作
CreatePatameter	用于创建 Patameter 对象的新实例
Prepare	用于在数据源上创建已经准备好的命令
Dispose	用于销毁 Command 对象

使用 Command 对象的 ExecuteNonQuery()方法可以实现对数据表的增删改操作。

Command 对象的使用方法：

① 定义一个 Command 对象：`Dim mycom As OleDbCommand`。

② 设置 SQL 字符串：`sqlstr="insert into 用户信息 values('1005','王一江','男',#1999/3/18#,'计算机')"`。

③ 打开数据库连接：`mycon.Open()`。

④ 初始化 Command 对象：`mycom=New OleDbCommand(sqlstr, mycon)`。

⑤ 执行 Command 对象的 ExecuteNonQuery()方法：`mycom.ExecuteNonQuery()`。

> 提示：以上的语句对 student 数据库的学生信息表添加一条记录，这里 SQL 字符串的格式很关键。

（4）DataReader 对象：DataReader 对象用来读取数据库中的数据，从数据库中获取一个只读且仅前向的数据流。DataReader 对象只能通过 Command 对象 ExecuteReader()方法来创建，不能够实例化。

DataReader 对象的使用方法：

① 定义一个 Command 对象：`Dim mycom As OleDbCommand`。

② 定义一个 DataReader 对象：`Dim Rd As OleDb.OleDbDataReader`。

③ 设置 SQL 字符串：sqlstr="Select * From 用户信息 Where 用户名 = '" & _
TextBox1.Text & "' And 密码='" & TextBox2.Text & "'"。

④ 打开数据库连接：mycon.Open()。

⑤ 初始化 Command 对象：mycom=New OleDbCommand(sqlstr, mycon)。

⑥ 创建 DataReader 对象：Rd=mycom.ExecuteReader()。

⑦ 判断执行 DataReader 对象的 read()方法是否读到数据：

```
If Rd.Read() Then
        Form1.Show()
        Me.Hide()
Else
        MsgBox("密码或用户名错误!",MsgBoxStyle.Critical+MsgBoxStyle.OkOnly,"错误提示!")
End If
```

⑧ 关闭 DataReader 对象：Rd.Close()。

⑨ 关闭 Connection 对象：Conn.Close()。

> 提示：以上代码实现验证用户的用户名和密码是否正确。在这里的 SQL 字符串中包含了控件，注意书写格式。

（5）DataAdapter 对象：

DataAdapter 对象用于获取数据源中的数据，并填充到 DataTables 对象和 DataSet 对象中，是数据库与数据集的桥梁。

`DataAdapter 对象=New OleDbDataAdapter(SQL 字符串,数据库连接对象)`

获取 SQL 语句执行得到的结果集，利用 Fill 方法将其填充到 DataSet 对象中。

（6）DataSet 对象：

DataSet 对象是内存的数据库，作用是将数据库中取出来的数据缓存在内存中。DataSet 对象中的数据可以通过 DataAdapter 对象的 Fill 方法得到，也可以由 DataReader 对象的 Load 方法得到。

① DataSet 常用的属性为 Tables，即数据集中包含的数据表集合。

② DataSet 对象的结构：

`DataSet.Tables("数据表名").Rows(i).Items(j)`

表示数据表中第 i+1 行和第 j+1 列的数据。

③ 常用方法：Clear()。

清除数据集中的数据。

DataAdapter 对象和 DataSet 对象的联合使用实现数据库的查询方法：
① 定义 DataAdapter 对象：`Dim myda As OleDbDataAdapter`。
② 定义并初始化 DataSet 对象：`Dim myds As New DataSet`。
③ 设置 SQL 字符串：`sqlstr = "Select * From 学生信息"`。
④ 打开数据库连接：`mycon.Open()`。
⑤ 创建 DataAdapter 对象：`myda=New OleDbDataAdapter(sqlstr, mycon)`。
⑥ 使用 DataAdapter 对象的 Fill 方法填充 DataSet 对象中的数据表"mytable"：`myda.Fill(myds, "mytable")`。
⑦ 设置 DataGridview 对象的数据源为 DataSet 对象中的数据表"mytable"：`DataGridview1.DataSource=myds.Tables("mytable")`。
⑧ 关闭 Connection 对象：`Conn.Close()`。

> 提示：以上代码实现了在数据网格中显示学生信息表中记录的操作。

5. 数据控件

（1）数据显示控件 DataGridView。

DataGridView 控件能够以网格的形式在 Windows 应用程序窗体中显示数据，包括文本、数字、日期、数组等内容。通过设置 DataGridView 对象的 DataSource 属性，可以在网格中显示数据源的数据。DataGridView 的行号和列号都是从 0 开始的，可以通过 DataGridView1(1, 3)方式对网格中的第 2 列、第 4 行的数据进行访问。

（2）ListBox 和 ComboBox。

ListBox 和 ComboBox 属于列表控件，通过数据绑定可以显示某字段的数据，也可以在程序中用代码通过 DataReader 对象实现向 ListBox 或 ComboBox 控件中添加数据。

具体实现方法：

```
Dim sqlstr As String="select 用户名 from 用户"
    myconn.Open()
    mycomm=New OleDb.OleDbCommand(sqlstr, myconn)
    mydr=mycomm.ExecuteReader
    While mydr.Read
        ComboBox1.Items.Add(mydr.Item(0))
    End While
    myconn.Close()
```

> 提示：以上代码实现在 Combobox 控件中自动添加用户表中用户名字段的内容。

四、实验内容和要求

【实例 11-1】 设计制作学生信息管理系统。

（1）创建数据库。使用 Access 创建一个名为 student 的数据库。student 数据库中包含 3 个表，分别为用户表、学生信息表和学生成绩表，其表结构分别如图 11-1~图 11-3 所示。

用户	
字段名称	数据类型
用户名	文本
密码	文本

图 11-1　用户表的表结构

用户 / 学生信息	
字段名称	数据类型
学号	数字
姓名	文本
性别	文本
出生年月	日期/时间
专业	文本

图 11-2　学生信息表的表结构

学生成绩	
字段名称	数据类型
学号	数字
大学英语	数字
VB程序设计	数字
体育	数字

图 11-3　学生成绩表的表结构

（2）创建项目。启动 VB.NET，打开第 10 章所创建的"学生信息管理系统"项目，在窗体上添加两个 DataGridview 组件，如图 11-4 所示。

Visual Basic.NET 程序设计技术实践教程

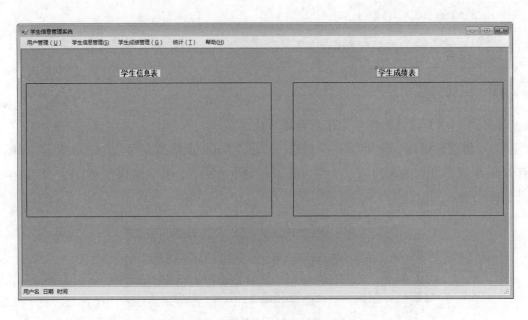

图 11-4 打开项目 "学生信息管理系统"

（3）输入公共模块代码。添加模块文件 Module1.vb，首先导入 oledb 数据包，然后在文件中定义公共变量和函数过程。代码如下：

```
Imports System.Data.OleDb
Module Module1
    Public mycon As OleDbConnection              '定义连接对象
    Public myda1 As OleDbDataAdapter             '定义适配器对象
    Public myds1 As New DataSet                  '定义数据集对象
    Public mycom1 As OleDbCommand                '定义命令对象
    Public myda2 As OleDbDataAdapter
    Public myds2 As New DataSet
    Public mycom2 As OleDbCommand
    Public mystr As String="Provider=Microsoft.ACE.OLEDB.12.0;Data Source=D:\学生信息管理.accdb"     '定义连接字符串
    Public myname As String
    Public sqlstr As String=""
    Sub connecting()                             '定义数据库连接过程
        Try
            mycon=New OleDbConnection(mystr)     '初始化连接对象
            mycon.Open()                         '打开数据库连接
```

```
        Catch ex As Exception
            MessageBox.Show(ex.Message)
        End Try
    End Sub
    Sub conda(ByVal sqlstr1 As String, ByRef myda As OleDbDataAdapter)
                                        'str1 为要执行的 SQL 字符串
        connecting()
        myda=New OleDbDataAdapter(sqlstr1, mycon)
                                        '初始化适配器对象,执行 SQL 语句
    End Sub
    Sub mycom_exe(ByVal sqlstr1 As String, ByRef mycom As OleDbCommand)
                                        '命令对象执行 SQL 命令
        connecting()                    '打开数据库连接
        mycom=New OleDbCommand(sqlstr1, mycon)  '初始化命令对象
        mycom.ExecuteNonQuery()         '命令对象执行 SQL 语句
        MsgBox("操作成功!")
        mycon.Close()                   '关闭数据库连接
    End Sub
    Sub myview(ByRef myda As OleDbDataAdapter, ByRef myds As DataSet,
ByRef mydatagridview As DataGridView)   '在数据网格控件中显示数据集中的数据
        myds.Clear()                    '数据集对象中数据清空
        myda.Fill(myds, "mytable")
            '数据适配器把从数据库中取到的数据填充到数据集的数据表 mytable 中
        mydatagridview.DataSource=myds.Tables("mytable")
                                        '设置数据网格控件的数据源
    End Sub
End Module
```

双击 Form1 窗体,在 Form1 窗体的 Form1_Load 事件写入如下代码:

```
Dim sqlstr1 As String=""
Dim sqlstr2 As String=""
sqlstr1="select*from 学生信息"
sqlstr2="select*from 学生成绩"
conda(sqlstr1, myda1)
myview(myda1, myds1, DataGridView1)
```

```
mycon.Close()
conda(sqlstr2, myda2)
myview(myda2, myds2, DataGridView2)
mycon.Close()
```

（4）运行程序。按【F5】键运行程序，程序运行后界面如图 11-5 所示。

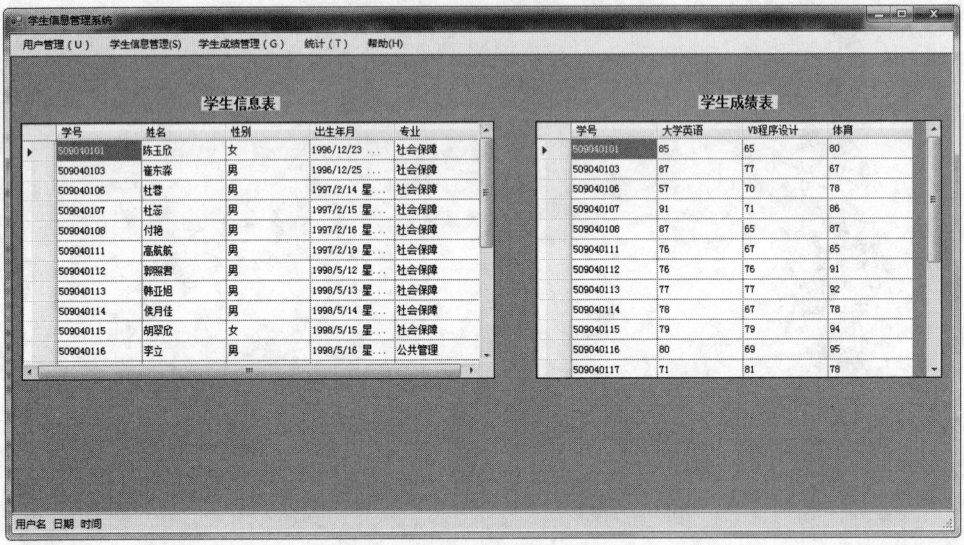

图 11-5　程序运行后的界面

【实例 11-2】在实例 11-1 的基础上完成用户管理菜单中的功能。

用户管理菜单主要包括添加用户、修改密码、删除用户和退出功能，如图 11-6 所示。

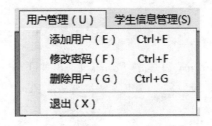

图 11-6　用户管理菜单

（1）添加用户功能的实现：添加一个 Windows 窗体，在窗体上放置两个 Label 标签，两个 TextBox 文本框，和两个 Button 按钮，如图 11-7 所示。

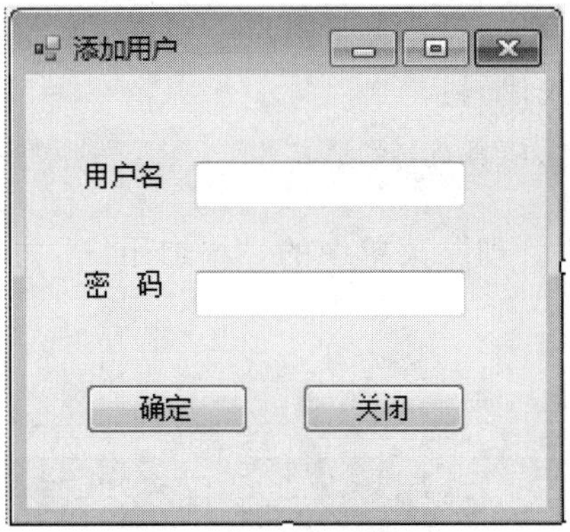

图 11-7 "添加用户"窗体

双击"确定"按钮,输入其 Button1.Click 事件代码:

```
    Private Sub Button1_Click(sender As Object, e As EventArgs) Handles Button1.Click
        Dim con1 As OleDbConnection
        Dim com1 As OleDbCommand
        Dim constr As String="Provider=Microsoft.ACE.OLEDB.12.0;Data Source=D:\学生信息管理.accdb"
        Dim sqlstr1 As String
        sqlstr1="insert into 用户 values('" & TextBox1.Text & "','" & TextBox2.Text & "')"
        Try
            con1=New OleDbConnection(constr)
            con1.Open()
            com1=New OleDbCommand(sqlstr1, con1)
            com1.ExecuteNonQuery()
            MsgBox("添加成功!")
            con1.Close()
        Catch ex As Exception
            MessageBox.Show(ex.Message)
        End Try
    End Sub
```

双击"关闭"按钮,输入其 Button1.Click 事件代码:

```
Close()
```

双击"用户管理"菜单中的"添加用户"子菜单,在"添加用户 TToolStrip-MenuItem.Click"事件中输入代码:

```
Form4.Show()    'Form4 为添加用户窗体
```

运行程序,选择"用户管理"菜单中的"添加用户"子菜单,显示图 11-8 所示的"添加用户"界面。

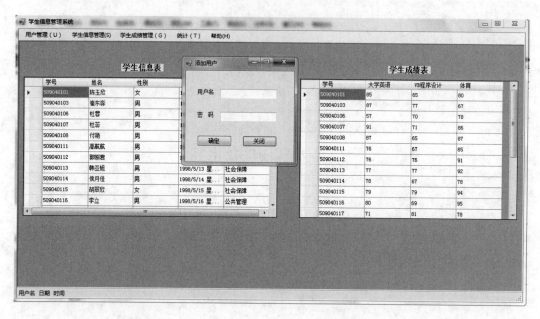

图 11-8 "添加用户"界面

在窗体中输入数据,单击"确定"按钮,显示运行程序界面如图 11-9 所示。

图 11-9 运行程序界面

(2)修改密码功能的实现:添加一个 Windows 窗体,在窗体上放置三个 Label 标签,三个 TextBox 文本框和两个 Button 按钮,如图 11-10 所示。

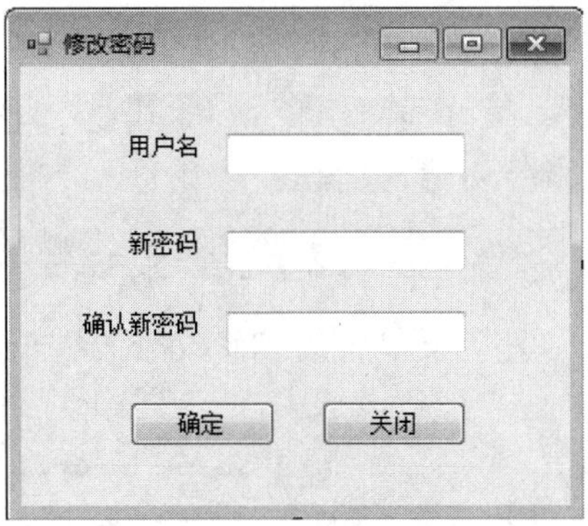

图 11-10 "修改密码"窗体

双击"确定"按钮,输入其 Button1.Click 事件代码:

```
Private Sub Button1_Click(sender As Object, e As EventArgs) Handles Button1.Click
    Dim con1 As OleDbConnection
    Dim com1 As OleDbCommand
    Dim constr As String="Provider=Microsoft.ACE.OLEDB.12.0;Data Source=D:\学生信息管理.accdb"
    Dim sqlstr1 As String
    sqlstr1="update 用户 set 密码='" & TextBox2.Text & "' where 用户名='" & TextBox1.Text & "'"
    Try
        con1=New OleDbConnection(constr)
        con1.Open()
        com1=New OleDbCommand(sqlstr1, con1)
        If TextBox2.Text=TextBox3.Text Then
            com1.ExecuteNonQuery()
            MsgBox("修改成功!")
        Else
            MsgBox("密码不一致!")
        End If
        con1.Close()
    Catch ex As Exception
        MessageBox.Show(ex.Message)
    End Try
End Sub
```

"关闭"按钮事件代码同添加用户窗体。

双击"用户管理"菜单中的"修改密码"子菜单,在"修改密码 MToolStripMenuItem.Click"事件中输入代码:

```
Form5.Show()    'Form5 为修改密码窗体
```

运行程序,选择"用户管理"菜单中的"修改密码"子菜单,显示如图 11-11 所示的"修改密码"界面。

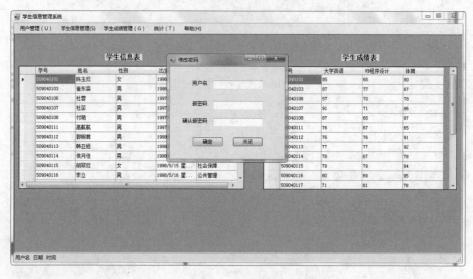

图 11-11 "修改密码"界面

在窗体中输入数据,单击"确定"按钮,显示程序运行界面如图 11-12 所示。

图 11-12 程序运行界面

(3)删除用户功能的实现:添加一个 Windows 窗体,在窗体上放置一个 Label 标签,一个 ComboBox 组合框,两个 Button 按钮,如图 11-13 所示。

图 11-13　删除用户窗体

双击窗体，输入窗体的 load 事件：

```
Dim dr1 As OleDbDataReader
    sqlstr1="select 用户名 from 用户"
    Try
        con1=New OleDbConnection(constr)
        con1.Open()
        com1=New OleDbCommand(sqlstr1, con1)
        dr1=com1.ExecuteReader
        While dr1.Read
            ComboBox1.Items.Add(dr1.Item(0))
        End While
        con1.Close()
    Catch ex As Exception
        MessageBox.Show(ex.Message)
End Try
```

这段程序的功能是实现在窗体调入时，在 ComboBox 控件中自动填充"用户"数据表的"用户名"字段的值。

双击"删除"按钮，输入其 Button1.Click 事件代码：

```
Private Sub Button1_Click(sender As Object, e As EventArgs) Handles Button1.Click, Button2.Click
    sqlstr1="delete from 用户 where 用户名='" & ComboBox1.Text & "'"
    Try
        con1=New OleDbConnection(constr)
        con1.Open()
        com1=New OleDbCommand(sqlstr1, con1)
        com1.ExecuteNonQuery()
        MsgBox("删除成功!")
        con1.Close()
```

```
        Catch ex As Exception
            MessageBox.Show(ex.Message)
        End Try
    End Sub
```

双击"用户管理"菜单中的"删除用户"子菜单,在"删除用户 DToolStrip-MenuItem.Click"事件中输入代码:

```
Form6.Show()    'Form6为删除用户窗体
```

运行程序,选择"用户管理"菜单中的"删除用户"子菜单,显示图 11-14 的"删除用户"界面。

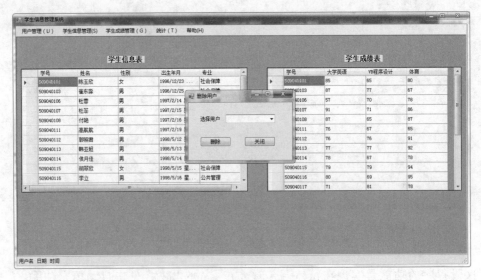

图 11-14　"删除用户"界面

在窗体中的 ComboBox 控件中选择用户名,单击"删除"按钮,显示程序运行界面如图 11-15 所示。

图 11-15　程序运行界面

（4）退出功能的实现：双击"用户管理"菜单中的"退出"子菜单，在"退出XToolStripMenuItem.Click"事件中输入代码：

```
End
```

用来结束程序运行。

五、实验作业

【作业】参照实例 10-1 中各菜单的内容完成其相应的功能。

第12章 ASP.NET 动态网页开发基础

一、实验目的

- 熟悉 ASP.NET 页面之间传递值的几种方式。
- 熟悉 Cookies、Session 和 Application 对象的不同用法。
- 熟悉在 ASP.NET 网页中利用 ADO.NET 数据对象访问数据库的实现步骤。
- 熟悉数据显示控件 DataView、DetailsView、DataList、Repeater 的应用场合。

本实验将综合利用前面各章所学的知识,包括 Access 数据库、页面控件、网页对象、数据显示控件以及 ADO.NET 数据访问技术,设计一个简易留言板系统。

二、实验时间

4 学时。

三、实验预备知识

1. ASP.NET 内置对象

(1) Response 对象最基本的功能是传送字符串到客户端。

Response.Redirect(URL)进行页面的重定向,即实现页面的跳转。

Response.Write(variant)将字符串传递给浏览器并显示出来。

(2) Reques 对象的功能是实现 Web 表单信息的传递以及查询服务器环境信息。

利用 Request 对象的 QueryString 属性,实现不同页面之间的数据传递。

(3) Server 对象的 MapPath 方法的作用是将相对路径转换为绝对路径。

(4) Application 对象主要功能就是为 Web 应用程序提供全局变量,在 Application 对象中每个浏览器的信息是共享的。

(5) Session 对象主要功能就是为 Web 应用程序提供局部变量,在 Session 对象中每个浏览器的信息是专有的。

2. ASP.NET 网页中利用 ADO.NET 访问数据库的一般步骤

(1) 使用 DataReader 访问数据库。DataReader 对象读取数据是一种向前、只读的方式，无须额外占用服务器内存，数据读取效果比 Dataset 方式好，显示数据方式更加灵活，但需要额外编写显示数据代码。

要读取数据库中的数据，必须首先创建连接对象连接到数据库，然后通过创建命令对象执行 SQL 命令，将执行 SQL 命令结果通过 DataReader 对象逐一读取，最后通过 Response 的 Write 方法实现数据的输出显示，如图 12-1 所示。

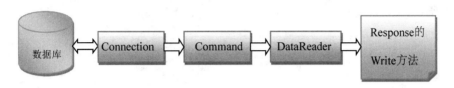

图 12-1　通过 DataReader 访问数据

（2）使用 DataSet 访问数据库。

DataSet 可以理解为内存中的数据库，该数据库可以设有一张表（DataTable），也可以有多个表；可以对其中的表进行查询、修改和追加等操作。由于 DataSet 独立于数据源，DataSet 可以包含应用程序本地的数据，也可以包含来自多个数据源的数据。

数据适配器（OleDbDataAdapter）充当 DataSet 和数据源之间的桥梁。OleDbDataAdapter 通过 Fill 方法将数据从数据源加载到 DataSet 中，并用 Update 将 DataSet 中的更改发回数据源。利用 DataSet 实现对数据库的访问，如图 12-2 所示。该方式可以方便地将读取的数据在数据显示控件中快速显示，无须编写额外的数据显示代码。

图 12-2　利用 DataSet 访问数据

四、实验内容和要求

【实例】设计一个简易留言板系统。

1．功能设计

（1）用户注册：学生、老师、管理员。

（2）用户登录：按用户权限，实现登录验证，跳转到不同页面。

（3）写留言：包括留言人、留言标题、留言内容等。

（4）查看留言：显示留言人、留言标题、留言时间，单击留言标题可以查看详细内容。

（5）回复留言：包括留言人、回复内容等。

2．数据库设计

在本例中，创建数据库 luntan.accdb，其中共建有 5 张数据表，包括留言信息表 message，回复信息表 reply，学生表 student，教师表 teacher 和管理员表 manager。

（1）留言信息表 message。表 message 用于保存留言信息，其数据字段的设计如图 12-3 所示。

message

字段名称	数据类型
ID	自动编号
name	文本
time_	文本
content	备注
title	文本

图 12-3　留言信息表

（2）回复信息表 reply。表 reply 用于保存回复信息，其数据字段的设计如图 12-4 所示。

reply

字段名称	数据类型
id	文本
name	文本
content	备注
time_	文本

图 12-4　回复信息表

（3）学生表 student。学生表 student 用于存放学生基本信息，其结构如图 12-5 所示。

student

字段名称	数据类型
s_id	文本
pwd	文本
name	文本
tel	文本
add	文本

图 12-5　学生表

教师表 teacher、管理员表 manager 的表结构与学生表 student 是一样的。教师表中教师编号字段名用 t_id 表示，管理员表中管理员编号字段名用 m_id 表示。

3．页面设计

（1）用户登录页面（logon.aspx）如图 12-6 所示。

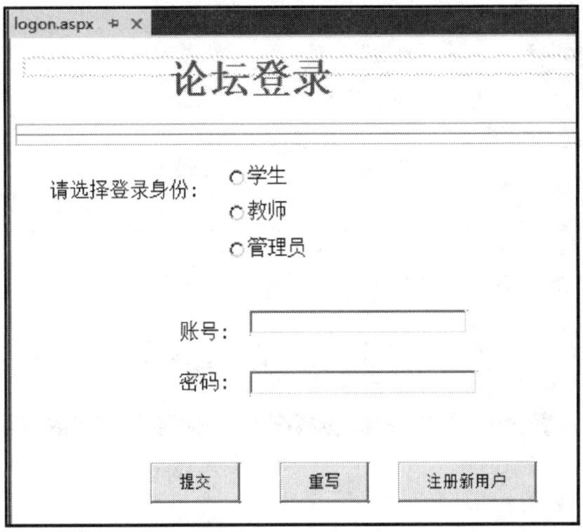

图 12-6　用户登录页面

（2）新用户注册页面（regNew.aspx）如图 12-7 所示。

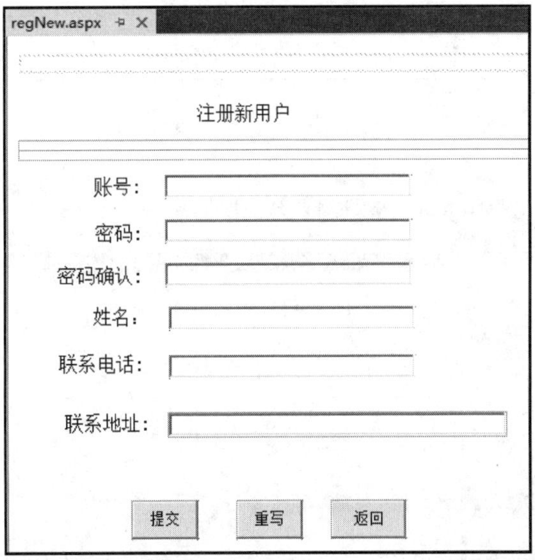

图 12-7　新用户注册页面

（3）查看留言标题页面（look.aspx）如图 12-8 所示。

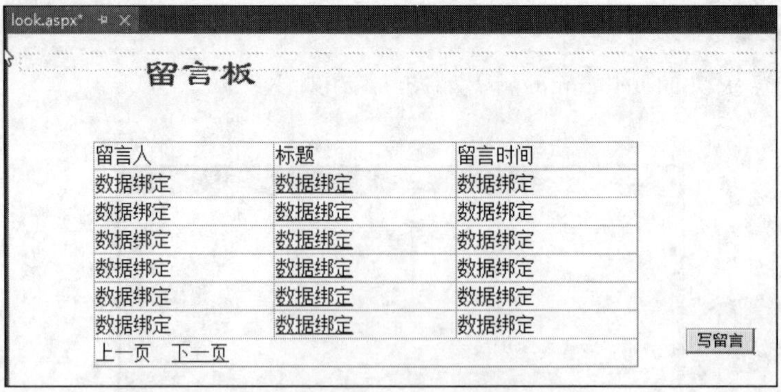

图 12-8 查看留言标题页面

（4）查看留言内容页面（detail.aspx）如图 12-9 所示。

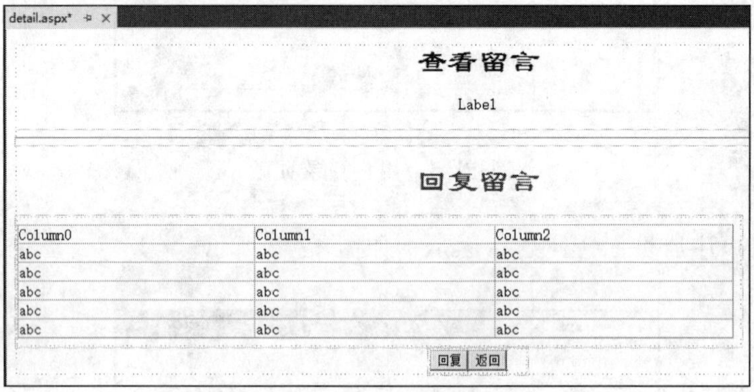

图 12-9 查看留言内容页面

（5）写留言页面（write.aspx）如图 12-10 所示。

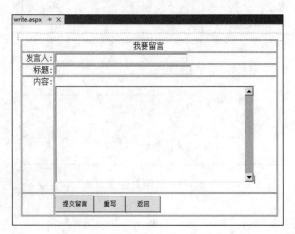

图 12-10 写留言页面

（6）回复留言页面（writeBack.aspx）如图 12-11 所示。

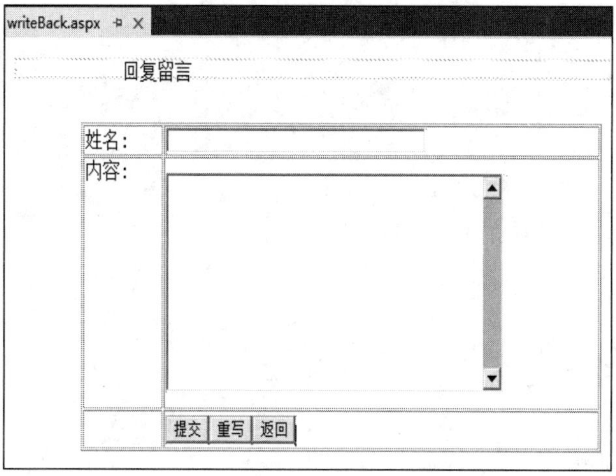

图 12-11　回复留言页面

4．代码设计

```
Imports System.Data
Imports System.Data.OleDb
```

（1）用户登录代码（logon.aspx.vb）：

```
    Private Sub Page_Load(ByVal sender As System.Object, ByVal e As System.EventArgs) Handles MyBase.Load
        If Not IsPostBack Then
            RadioButtonList1.SelectedIndex=0
        End If
    End Sub
    Private Sub Button1_Click(ByVal sender As System.Object, ByVal e As System.EventArgs) Handles Button1.Click
        If TextBox1.Text="" Or TextBox2.Text="" Then
            Response.Write("请输入完整信息后再提交!")
        Else
            Dim conn As New OleDbConnection
            Dim cmd As New OleDbCommand
            Dim reader As OleDbDataReader
            conn.ConnectionString="Provider=Microsoft.Ace.OLEDB.12.0;Data Source=" & Server.MapPath("luntan.accdb")
            conn.Open()
            cmd.Connection=conn
```

```
            cmd.CommandType=CommandType.Text
        '根据选取的是学生/教师/管理员对象,分别验证编号和密码
            If RadioButtonList1.SelectedIndex=0 Then
             cmd.CommandText="select*from student where s_id='" & TextBox1.Text & "'and pwd='" & TextBox2.Text & "'"
            ElseIf RadioButtonList1.SelectedIndex=1 Then
        cmd.CommandText="select * from teacher where t_id='" & TextBox1.Text & "'and pwd='" & TextBox2.Text & "'"
            Else
            cmd.CommandText="select * from manager where m_id='" & TextBox1.Text & "'and pwd='" & TextBox2.Text & "'"
            End If
            reader=cmd.ExecuteReader()     '生成数据读取对象
            If reader.Read=False Then
                Response.Write("账号或密码有误!")
            Else
                '如果验证通过,则根据登录人员类型访问相应的页面
                If RadioButtonList1.SelectedIndex=0 Then
                    Session("s_id")=reader("s_id")
                    Response.Redirect("look.aspx")
                ElseIf RadioButtonList1.SelectedIndex=1 Then
                    Session("t_id")=reader("t_id")
                    Response.Redirect("detail.aspx")
                Else
                    Session("m_id")=reader("m_id")
                    Response.Redirect("detail.aspx")
                End If
            End If
            conn.Close()
            conn=Nothing
        End If
    End Sub
    Private Sub Button2_Click(ByVal sender As System.Object, ByVal e As System.EventArgs) Handles Button2.Click
        TextBox1.Text=""
        TextBox2.Text=""
    End Sub
    Private Sub Button3_Click(ByVal sender As System.Object, ByVal e As System.EventArgs) Handles Button3.Click
```

```
        Response.Redirect("regNew.aspx")    '重新注册页面
    End Sub
```

（2）注册新用户代码（regNew.aspx.vb）：

```
    Private Sub Button1_Click(ByVal sender As System.Object, ByVal e As System.EventArgs) Handles Button1.Click
        If TextBox1.Text="" Or TextBox2.Text="" Or TextBox3.Text="" Then
            Response.Write("<script language=vbscript>alert ""不能输入空信息!""</script>")
        ElseIf TextBox2.Text<>TextBox3.Text Then
            Response.Write("<script language=vbscript>alert ""两次输入的密码不一样!""</script>")
        Else
            Dim mycon As New OleDbConnection()
            Dim myds As New DataSet()
            Dim mycmd As New OleDbCommand()
            Dim myrd As OleDbDataReader
            mycon.ConnectionString="Provider=Microsoft.Ace.OLEDB.12.0;Data Source=" & Server.MapPath("luntan.accdb")
            mycon.Open()
            mycmd.Connection=mycon
            mycmd.CommandText="select * from student where s_id='" & TextBox1.Text & "'"
            myrd=mycmd.ExecuteReader
            If myrd.Read Then
                myrd.Close()
                Response.Write("您输入的账号已存在,请重新输入账号!")
                Exit Sub
            End If
            myrd.Close()
            mycmd.CommandText="insert into student values('" & TextBox1.Text & "','" & TextBox3.Text & "','" & TextBox4.Text & "','" & TextBox5.Text & "','" & TextBox6.Text & "')"
            mycmd.ExecuteNonQuery()
            mycon.Close()
            mycon=Nothing
            Response.Redirect("regOK.aspx?")
        End If
    End Sub
```

```
    Private Sub Button2_Click(ByVal sender As System.Object, ByVal e As
System.EventArgs) Handles Button2.Click
        TextBox1.Text=""
        TextBox2.Text=""
        TextBox3.Text=""
    End Sub
    Private Sub Button3_Click(ByVal sender As System.Object, ByVal e As
System.EventArgs) Handles Button3.Click
        Response.Redirect("logon.aspx")
    End Sub
```

（3）查看留言代码（look.aspx.vb）：

```
    Private Sub Page_Load(ByVal sender As System.Object, ByVal e As
System.EventArgs) Handles MyBase.Load
        Dim conn As New OleDbConnection()
        Dim adp As New OleDbDataAdapter()
        Dim ds As New DataSet()
        conn.ConnectionString="Provider=Microsoft.Ace.OLEDB.12.0;Data
Source=" & Server.MapPath("luntan.accdb")
        adp.SelectCommand=New OleDbCommand()
        adp.SelectCommand.CommandText="select*from message"
        adp.SelectCommand.Connection=conn
        adp.Fill(ds, "table1")
        DataGrid1.DataSource=ds.Tables("table1").DefaultView
        DataGrid1.DataBind()
        conn.Close()
        conn=Nothing
    End Sub
    Private Sub DataGrid1_PageIndexChanged(ByVal source As Object, ByVal
e As System.Web.UI.WebControls.DataGridPageChangedEventArgs) Handles
DataGrid1.PageIndexChanged
        DataGrid1.CurrentPageIndex=e.NewPageIndex '//指定新的页数
        Dim conn As New OleDbConnection()
        Dim adp As New OleDbDataAdapter()
        Dim ds As New DataSet()
        conn.ConnectionString="Provider=Microsoft.Ace.OLEDB.12.0;Data
Source=" & Server.MapPath("luntan.accdb")
        adp.SelectCommand=New OleDbCommand()
        adp.SelectCommand.CommandText="select * from message"
        adp.SelectCommand.Connection=conn
```

```
        adp.Fill(ds, "table1")
        DataGrid1.DataSource=ds.Tables("table1").DefaultView
        DataGrid1.DataBind()
        conn.Close()
        conn=Nothing    '//重新绑定数据以更新显示
    End Sub
    Private Sub Button3_Click(ByVal sender As System.Object, ByVal e As System.EventArgs) Handles Button3.Click
        Response.Redirect("write.aspx")
    End Sub
```

（4）写留言程序代码（write.aspx.vb）：

```
    Private Sub Button1_Click(ByVal sender As System.Object, ByVal e As System.EventArgs) Handles Button1.Click
        If TextBox1.Text="" Or TextBox2.Text="" Or TextBox3.Text="" Then
            Response.Write("请将内容填写完整后再提交!")
        Else
            Dim MyCon As New OleDbConnection()
            Dim MyCmd As New OleDbCommand()
            MyCon.ConnectionString="Provider=Microsoft.Ace.OLEDB.12.0;Data Source=" & Server.MapPath("luntan.accdb")
            MyCon.Open()
            MyCmd.Connection=MyCon
            MyCmd.CommandText="insert into message(name,title,content,time_) values " & "('" & TextBox1.Text & "','" & TextBox2.Text & "','" & TextBox3.Text & "','" & Now & "')"
            'Response.Write(MyCmd.CommandText)
            'Response.End()
            MyCmd.ExecuteNonQuery()
            MyCmd=Nothing
            MyCon.Close()
            MyCon=Nothing
            Response.Redirect("look.aspx")
        End If
    End Sub
    Private Sub Button2_Click(ByVal sender As System.Object, ByVal e As System.EventArgs) Handles Button2.Click
        TextBox1.Text=""
```

```
        TextBox2.Text=""
        TextBox3.Text=""
    End Sub
    Private Sub Button3_Click(ByVal sender As System.Object, ByVal e
As System.EventArgs) Handles Button3.Click
        Response.Redirect("look.aspx")
    End Sub
```

（5）查看留言内容、回复留言代码（detail.aspx.vb）：

```
    Private Sub Page_Load(ByVal sender As System.Object, ByVal e As
System.EventArgs) Handles MyBase.Load
        Dim conn As New OleDbConnection()
        Dim cmd As New OleDbCommand()
        Dim reader As OleDbDataReader
        conn.ConnectionString="Provider=Microsoft.Ace.OLEDB.12.0;Data
Source=" & Server.MapPath("luntan.accdb")
        conn.Open()
        cmd.Connection=conn
        cmd.CommandType=CommandType.Text
        cmd.CommandText="select * from message where id=" & Request.
QueryString("id")
        reader=cmd.ExecuteReader()
        While reader.Read
            Label2.Text="标题:" & reader.Item("title")
            Label3.Text="发言人:" & reader.Item("name")
            Label4.Text="内容:" & reader.Item("content")
        End While
        conn.Close()
    End Sub

    Sub show()    '显示留言通用过程
        If Not IsPostBack Then
            Dim conn As New OleDbConnection()
            Dim adp As New OleDbDataAdapter()
            Dim ds As New DataSet()
            conn.ConnectionString="Provider=Microsoft.Ace.OLEDB.12.0;
Data Source=" & Server.MapPath("luntan.accdb")
            adp.SelectCommand=New OleDbCommand()
```

```
            adp.SelectCommand.CommandText="select name as 姓名,content as
内容,time_ as 时间 from reply where id='" & Request.QueryString("ID") & "' "
            adp.SelectCommand.Connection=conn
            adp.Fill(ds, "table1")
            DataGrid1.DataSource=ds.Tables("table1").DefaultView
            DataGrid1.DataBind()
            conn.Close()
            conn=Nothing
        End If
    End Sub
```

（6）回复留言代码（writeBack.aspx.vb）：

```
    Private Sub Button1_Click(ByVal sender As System.Object, ByVal e As
System.EventArgs) Handles Button1.Click
        If TextBox1.Text="" Or TextBox2.Text="" Then
            Response.Write(""请将内容填写完整后再提交！")
        Else
            Dim MyCon As New OleDbConnection()
            Dim MyCmd As New OleDbCommand()
            MyCon.ConnectionString="Provider=Microsoft.Ace.OLEDB.12.0;
Data Source=" & Server.MapPath("luntan.accdb")
            MyCon.Open()
            MyCmd.Connection=MyCon
            MyCmd.CommandText="insert into reply(id,name,content,time_)
values " & "('" & Request.QueryString("id") & "','" & TextBox1.Text & "','"
& TextBox2.Text & "','" & Now & "')"
            MyCmd.ExecuteNonQuery()
            MyCmd=Nothing
            MyCon.Close()
            MyCon=Nothing
            Response.Redirect("detail.aspx?id=" & Request.QueryString("id"))
        End If
    End Sub
```

五、实验作业

【作业 12-1】设计一个用户登录模块页面，然后通过账户和密码验证，通过页面跳转命令，实现页面登录到个人主页。

【作业 12-2】在 Access 2010 中创建数据库，并保存为 Access 2010 格式，其中，

创建学生信息表和学生成绩表。在网页中添加 SqlDataSource 数据源控件，通过配置 SqlDataSource 属性来显示学生成绩表的信息。

【作业 12-3】创建网站，包含用户注册、登录页面、后台用户管理和若干其他页面。其中，注册页面提供用户名和密码等相关信息，并将用户名和密码保存到数据库；用户管理页面实现管理员对普通用户名和密码的修改与删除；用户通过登录页面登录网站时，从数据库中检索是否存在该用户，如果存在，可以登录到网站中的其他页面。

【作业 12-4】仿照实例，设计一个网上留言板模块，实现在线留言、回复留言。

参 考 文 献

1. 尚展垒，包空军，陈媛玲. Visual Basic 2008 程序设计技术[M]. 北京：清华大学出版社，2011.
2. 尚展垒，程静，孙占锋. Visual Basic 2013 程序设计技术[M]. 北京：清华大学出版社，2015.
3. 龚沛曾. Visual Basic.Net 程序设计教程[M]. 3 版. 北京：高等教育出版社，2018.
4. 夏敏捷，高雁霞. Visual Basic.NET 程序设计教程[M]. 北京：清华大学出版社，2014.
5. 郑阿奇. Visual Basic.NET 实用教程[M]. 3 版. 北京：电子工业出版社，2018.
6. 吴琴霞，栗青生. ASP.NET Web 程序设计[M]. 北京：水利水电出版社，2015.
7. 张正礼，陈作聪. ASP.NET 从入门到精通[M]. 2 版. 北京：清华大学出版社，2015.